U0274721

秒懂智能体

AI Agent
重新定义未来工作

郭泽德 等 著

清华大学出版社
北京

本书封面贴有清华大学出版社防伪标签，无标签者不得销售。

版权所有，侵权必究。举报：010-62782989，beiqinquan@tup.tsinghua.edu.cn。

图书在版编目（CIP）数据

秒懂智能体：AI Agent 重新定义未来工作 / 郭泽德等著 .
北京：清华大学出版社，2025. 3. -- ISBN 978-7-302-68729-0

Ⅰ . TP18

中国国家版本馆 CIP 数据核字第 2025M92U59 号

责任编辑：顾 强
封面设计：钟 达
版式设计：方加青
责任校对：宋玉莲
责任印制：丛怀宇

出版发行：清华大学出版社
      网 址：https://www.tup.com.cn，https://www.wqxuetang.com
      地 址：北京清华大学学研大厦 A 座   邮 编：100084
      社 总 机：010-83470000   邮 购：010-62786544
      投稿与读者服务：010-62776969，c-service@tup.tsinghua.edu.cn
      质 量 反 馈：010-62772015，zhiliang@tup.tsinghua.edu.cn
印 装 者：三河市东方印刷有限公司
经 销：全国新华书店
开 本：170mm×240mm   印 张：16.75   字 数：281 千字
版 次：2025 年 4 月第 1 版   印 次：2025 年 4 月第 1 次印刷
定 价：68.00 元

产品编号：109231-01

本书撰写人员名单

郭泽德，博士，思高乐教育集团董事长、智昇人工智能创始人，北京信息科技大学教师。出版《写好论文》《DeepSeek 极速上手：高效做事不内耗》等 10 余部著作。创新提出"五源模型""六定模型"等 AI 交互方法论，累计培训学员 10 万余人次，团队创作的 AI 作品多次获得行业大奖，为金山办公、华商学院等国内外企业、高校提供 AI 服务。

李艳，高校教师、高级工程师、科技专家、高层次高技能人才，专注于人工智能技术的探索与应用。

余若雪，高校教师、省级一流课程负责人，专注于数字技术应用领域研究。擅长 AI 智能体构建，多次获得扣子、文心智能体大赛奖项，已研发多门智能体课程，授课人数已达千人。

阴红桃，国家二级心理咨询师、社会工作师、省优秀心理志愿者、市电视台特约心理专家、校婴托专业负责人，擅长 AI 智能体与心理、教育领域融合创新，研发"AI 心理大师""AI 早教大师"等多个智能体，创设"AI 心理科普与咨询疗愈"等多个微信公益服务号。

祁志慧，云南大学教师，新闻传播学博士，致力于 AI 赋能教育实践与研究，为全国各地政府、企业及学校做 AI 赋能培训 100+ 场次，累计参与人数达数万人。

唐飞燕，教育学硕士，首批中国电子学会 DeepSeek 综合应用（专业级）持证者，魔搭 Agent 工程师与人工智能体高级训练师，扣子平台搭建智能体比赛二等奖获得者，擅长智能体高阶玩法、运用智能体深度赋能学术科研。

序言　智能体时代的黎明

大家好，我是学君，一个创业 10 年的老兵！

2014 年 3 月，我在公众号上敲下第一个字，无意中开启了我的创业之路。在随后的 10 年里，我和团队追梦互联网，经历了微博、公众号、短视频、小红书等一个个风口，见证着数字时代技术和模式的快速迭代。然而，直到 2022 年遇见 AI，我才真正感受到一种颠覆性的力量——这不仅仅是一个工具，而是重塑思维和组织结构的革命性技术。

2023 年初，我便带领团队转型 AI，虽然遭遇了内外部的质疑声，但是转型后的业务非常顺利，不但用户量快速增加，而且单人效率也得到了不少提升。

随着对 AI 更深入的理解，除了展示出来的强大功能，我更被 AI 底层的涌现特性所吸引，并尝试用涌现型组织的思维方式重构自己的认知框架，并将这种思考方法应用于团队管理和项目开发。

2023 年底，我在原有学术志团队基础上，推动成立了涌现型组织——AI 富缘俱乐部。这个俱乐部只有一个专职工作人员，其余成员都是兼职工作，大家会根据特定话题，组成一个个小组。2023 年，我们观察到智能体的发展趋势，于是重新组建了智能体团队。这本书即是智能体团队的工作成果之一。

本书将带领读者全方位探索智能体的奇妙世界，内容分为 9 个章节：

- ◉ 第一章追溯智能体的起源，揭示人工智能从概念到现实的惊人演进。
- ◉ 第二章详细阐述"八要素体系"提示词设计方法，为读者提供从 0 到 1 的实操指南。
- ◉ 第三章至第六章聚焦国内外主流智能体平台：文心一言、智谱清言、GPTs 和扣子。从"高情商大师"到个性化 AI 助手，读者将学习如何在不同平台打造专属智能体。
- ◉ 第七章将展示智能体在实际工作中的应用，学习如何构建和优化工作流。
- ◉ 第八章探讨智能体在图像处理领域的创新应用。
- ◉ 第九章将揭示智能体如何重新定义生产力。

智能体的发展不是静止的，而是持续进化的。这种发展呈现出两个令人期待的路径。

第一个路径是智能化的持续进化。未来，用户只需极其简单的操作，就能通过智能体解决复杂问题。比如在 Manus 平台上，用户仅需一句话就可以完成网站设计、撰写分析报告等高度专业的工作。随着智能体能力的不断提升，其智能化水平将呈指数级增长，对我们生活和工作的助益也将更加深远。

第二个路径是交互的自然化。未来的智能体将能够使用自然语言进行无障碍交流。就像豆包等产品正在不断升级其语音能力，用户可以随时打断和引导对话。随着具身智能、脑机接口等前沿技术的发展，基于智能体的交互将变得越来越真实和自然。这两个发展路径最终必将汇合，共同推动智能体的革命性进化。

无论你是技术爱好者、创业者，还是普通职场人士，这本书都将为你揭开智能体的神秘面纱，帮助你在这个快速变革的时代保持敏捷和竞争力。

智能体不仅仅是技术，更是一种全新的工作和生活范式。它代表着人类智能的延伸和放大，是我们与机器协作的崭新形态。在这个充满可能性的时代，我们每个人都是共同的探索者和创造者。

这本书是集体智慧的结晶，感谢学术志团队，感谢 AI 富缘俱乐部所有成员，感谢智能体团队所有成员。这本书是我们对智能体时代提交的一份答卷，也是我们向智能体展示的信仰书。让我们一起，拥抱这个智能体驱动的未来！

学君

2025 年 3 月 16 日

目录

第一章 你不可不知的 AI 变革

在科技发展突飞猛进的今天，智能体已经从科幻小说中的虚构角色，演变为我们生活中无处不在的伙伴。可以想象，拥有一个能够提前预测你的需求并且可以无缝协作的智能助手，已不仅仅是未来的愿景，还是当下的现实。无论是在工作、学习中还是生活中，智能体正以不可忽视的力量悄然改变着我们的生活方式。

本章将带用户进入智能体的世界，揭示它们背后的技术与潜力。通过从概念到应用实例，我们将一起探讨这些智能工具如何在各个领域引发一场革命。

一、探索智能体：让科幻照进现实

在制作汇报 PPT 之时，你是否曾憧憬有一个助手帮助你完成烦琐的排版与设计工作，从而能让你全身心地投入内容创作之中呢？

在撰写总结报告之际，你是否也渴望有个助手为你完成润色、校对以及排版等繁杂的事务，以便让你腾出更多的时间专注于内容的撰写呢？

当你准备出门旅游时，是否期盼有个助手为你精心安排旅游行程？在旅游过程中，是否也期望有个助手能提供实时的景点解读？旅游结束后，是否同样希望有个助手能帮你将照片修饰得更完美，然后美美地上传至朋友圈呢？

以往这样的助手极为稀缺，但如今，比上述场景中更强大的助手已触手可及，并且是免费的。这个助手便是基于人工智能的智能体（AI Agent）。

人工智能已经广为人知，但智能体这一概念是否同样为人所熟悉呢？很多人知道 AI，但未必知道智能体。目前，智能体作为 AI 的革新性应用，已经越来越被人们广泛了解与认知。

简而言之，智能体是一种能够自主执行任务的 AI 系统。与我们日常接触的 AI 应用相比，智能体无须人类的时刻指令，而具备像人类一样独立思考、计划和行动的能力。

如果用户是一名厨师，想为下周的朋友聚会准备一道特别的菜肴，传统的 AI 或许会根据用户提供的食材推荐几种菜谱，但智能体则能够更进一步。它会自动检索最新的菜谱趋势，为用户制订详细的步骤与计划，包括采购食材、烹饪过程等。更为重要的是，它还能根据用户的反馈，灵活地调整菜谱，确保每位朋友都满意。这种自主性赋予了智能体在多个领域的广泛应用。例如，在市场调研中，企业可以利用智能体自主收集和分析市场信息，并生成详尽的报告；在软件开发中，智能体能够帮助程序员自动检查和修复代码，显著提高开发效率；在网站建设中，智能体可根据用户的基本需求，自动设计并生成网站，大幅节省时间和人力。

智能体已经成为很多人工作和生活中非常重要的智能助手。未来，智能体有望进一步彻底改变我们的工作与生活方式。它们不仅可以在工业生产中自动监控生产线，提升效率，还能在智慧城市的建设中优化交通管理，减少城市拥堵。智能体的自主性和适应性使其在无人干预的情况下，也能高效地完成复杂任务。无疑这是人工智能发展的一个重大突破。

》》二、体验智能体：开启未来科技之门

现在很多平台都提供了智能体的功能，不但可以查询和使用已经做好的智能体，而且还可以根据自己的需求创建智能体。

下面以字节跳动公司旗下的扣子平台作为演示，展示体验和使用智能体的过程。

（一）进入平台

方式一：搜索引擎中搜索：coze 或者扣子 coze。

方式二：输入网址。扣子平台提供了两个版本的官方网址：

（1）http://www.coze.cn，此网址适用于中国用户，提供专业版服务。

（2）http://www.coze.com，此网址适用于非中国用户，推荐开通 coze Premium，获取高级权益。

通过方式一或方式二进入如图 1-1 所示的页面。

图 1-1　扣子平台主页

图 1-1　（续）

（二）检索智能体

在左侧导航栏中点击【商店】，然后使用顶部的搜索框或中央的分类导航找到目标智能体。例如，若要查找"推荐书单"智能体，只需在顶部搜索框中输入"推荐书单"，即可进入如图 1-2 所示的页面。

图 1-2　主题检索页面

搜索框下方就是检索结果，专题相关智能体以矩阵方式排列。用户可以根据智能体中提供的信息判断是否体验。页面右侧还有进一步细化选择的选项，用户可以根据自己的需求进行操作。

（三）读取智能体信息

每个智能体页面都呈现了具体信息，如图 1-3 所示，用户可以根据这些信息做第一轮初筛。

在智能体信息界面上，从上到下依次呈现了 6 类信息。

第一行是智能体封面图。

图 1-3 "读书推荐"智能体信息界面

第二行是智能体的名字，图 1-3 所示的智能体的名字是："读书推荐"。

第三行是智能体的作者名字。

第四行是智能体功能介绍，用户可以根据介绍来判断是否符合预期。

第五行是智能体使用信息，从左到右依次是：对话次数、使用人数和收藏数。

第六行是智能体使用的大模型类型。扣子平台提供了豆包、Kimi、通义千问等 10 种大模型类型。这一行即显示该智能体选择的大模型类型。

（四）测试智能体

点击进入"读书推荐"智能体，进入主界面。从上到下依次呈现 4 类信息，如图 1-4 所示。

图 1-4 "读书推荐"智能体主界面

第一类信息：界面最上方为智能体的封面图和名字。这和信息界面的内容一致。

第二类信息：智能体名字下方是智能体的主图和欢迎语。这部分主要是展示信息，不需要操作。

第三类信息：欢迎语下方是智能体创造者预先设定的引导问题，用户可以点击引导问题，体验智能体互动。

第四类信息：在智能体的主对话框，用户可以输入和主题相关的问题，智能体就会给出相应的答案。点击右侧小加号，可以上传图片、PDF、Docx 等格式文件。

（五）与智能体正式互动

在智能体的主对话框中输入指令，智能体便根据预设规则，为用户推荐相应答案。

输入如下指令：

为我推荐一些关于人工智能类的书籍

"读书推荐"智能体提供了如图 1-5 所示的结果。根据用户指令，智能体推荐了 5 本书，每本书都可以点击查看简要介绍。如果对推荐的书单不满意，可以点击页面底部的【换一批书籍】按钮，智能体将推荐新的主题书单。用户还可以在主对话框中重新输入指令，获得更多的个性化推荐。

图 1-5 "读书推荐"根据用户指令提供的结果

通过以上 5 个步骤，便能够完整体验一个智能体。不过需要注意的是，由于每个平台广场上的智能体大多由用户创建，旨在解决特定问题，这相当于平台用户提供的"鱼"，未必能完全契合我们的具体需求。只有学习了智能体、掌握智能体的创建方法，学会"渔"，才能更充分地满足我们的特定需求。

三、掌握智能体：迈向未来的必修课

在当今科技飞速发展的时代，智能体正逐步融入我们的日常生活，深刻地改变着我们的学习、工作和生活方式。这些智能体不仅简化了我们的操作流程，还带来了许多前所未有的可能性。在 2024 年世界人工智能大会上，百度创始人李彦宏指出，未来在医疗、教育、金融、制造、交通、农业等各个行业中，将基于不同的场景、独特的经验、规则和数据，开发出各种智能体。预计这些智能体的数量将达到数百万级，从而形成一个庞大的生态系统。李彦宏认为，智能体是人工智能应用的最佳方向。为了在未来更好地与智能体共存并从中获益，用户必须了解并学习如何与智能体融合，只有这样，智能体才能真正为用户带来实实在在的利益。

（一）智能体是更高阶的人工智能

我们首先需要了解人工智能领域的 3 个关键概念：ANI、AGI 和 ASI。

ANI 即"artificial narrow intelligence"，指的是狭义人工智能，专注于执行特定的、狭窄定义的任务，如图像识别、语音识别或下棋。智能手机中的语音助手就是一种典型的 ANI，只能按照预设的程序回答特定类型的问题。

AGI 即"artificial general intelligence"，通用人工智能，具备像人类一样广泛的智能，能够处理各种任务和情境。其不仅能理解语言交流，还能像人类一样思考、推理并解决复杂问题。

ASI 即"artificial super intelligence"，超级人工智能，代表了在几乎所有领域中远超人类智能的人工智能。ASI 能够进行极其复杂的思考和创新，其能力可能远超人类的理解与想象。

ANI、AGI 和 ASI 分别代表了人工智能发展的 3 个阶段。其中，在 AGI 阶段，人工智能达到了与人类智能相当的智能水平。这将从根本上改变人类的工作方式、生活方式和社会结构。

实现 AGI 的过程可以分为 3 个阶段：首先是单模态系统的开发，包括语言模型、视觉模型、声音模型等各个模态的独立发展，如根据文字创建图像的 Midjourney，专注于视觉模型研发。其次是多模态、多任务模型的融合阶段，如 GPT-4 可以进行多模态内容产出，根据用户指令，可以生成图像、表格、文字等形态信息。根据文本创建视频的 Sora 也已经上线，不久也将集成到 GPT-4 功能中。最后是进一步强调模型与外部环境的交互及应对复杂任务的能力，如智能人形机器人、自动驾驶汽车等。

当前人工智能的发展正处于多模融合的第二阶段，其中智能体被视为通往 AGI 的重要阶段和形式。智能体采用大语言模型作为核心组件，类似于智能体的"大脑"，并通过与规划、感知、记忆与行动等其他组件的融合，初步具备了对通用问题的自动化处理能力。

日常工作和生活中，智能体可以大幅提高效率和生产力。我们举几个具体应用案例。如 ChatGPT 平台中的"Data Analyst"智能体，能自动识别数据中的关键信息和模式，对数据进行自动化处理和加工，从而极大地减少了人工工作量。智谱清言旗下的"清影"智能体，提供文生视频、图生视频功能。用户只需通过简单指令，等待 30 秒左右即可完成 6 秒视频的生成，从而大大节省了视频创作的时间成本，如图 1-6 所示。Genspark 是一款智能体搜索引擎，不但能够快速、准确地理解用户查询意图，还能够利用 AI 技术对各种信息进行分析和处理，为用户提供准确、深入的搜索结果。

图 1-6 "清影"智能体页面

AGI 是人工智能发展的高级形态，而智能体是人工智能通向 AGI 的重要一站。相对于初代人工智能，尽管智能体在感知、决策和执行方面已有显著进展，但距离 AGI 仍有一段距离，还未完全具备独立决策与执行行动的能力。但不可否认，智能体已经爆发出巨大的潜力，正逐渐展现出其独特的价值。

（二）智能体是提示词的进化形态

在大语言模型人工智能的发展中，提示词（prompts）和智能体作为核心技术，正在逐步改变我们与人工智能交互的方式。提示词通过描述任务和目标与大型语言模型进行交互。智能体则在此基础上增强了自主性和自动化能力，是提示词的进化形态，能够更有效地完成复杂任务。

提示词是人与大语言模型互动的基本方式。这种互动的核心在于，将人类自然语言精心设计成各种提示词，通过提示词向大语言模型描述任务、提供上下文，并以一问一答的形式获得大语言模型的响应。这种方法在大语言模型早期阶段展示出强大的能量，使得提示词成为"显学"，甚至成为一种热门职业。但是由于大语言模型被用来解决越来越复杂的问题，许多使用者不得不设计出更复杂的提示词结构，同时不得不添加大量限制条件，使得提示词的设计越来越复杂，也使得撰写提示词的门槛也越来越高。

比如，在提示词结构上，有人提出了 ICIO 框架（instruction、context、input data、output indicator）、CRISPE 框架（capacity and role、insight、statement、personality、experiment）等数十个不同结构的提示词框架。尽管这些框架为撰写提示词提供了参考，提升了提示词的精确度，但是这些提示词结构本身的复杂度以及数十种不同的提示词结构，确实也给用户带来了困扰。

在提示词长度上，虽然没有具体统计，但是提示词的设计呈现越来越复杂化的趋势。然而，最理想的人与人工智能交互应当是简洁的、直观的、有效的。复杂化的提示词显然违背了这一初衷。

智能体作为提示词的进化形态，在某种程度上解决了上述问题。

第一，提示词也是智能体的核心驱动力，但是与对话式人工智能交互不同的是，智能体需要一套固定化的提示词，然后根据互动结果，不断优化调整即可。在创建智能体的过程中，提示词是必填项目，尽管不同智能体平台对提示词的规范叫法不同，如扣子中的提示词模块叫作【人设与回复逻辑】、智谱清言中的提示词模块叫作【配置信息】、文心一言中的提示词模块叫作【设定】，但它们的实质都是提示词。

智能体中的提示词形成了"一次写作，多次迭代，长期解决问题"的特点。为了符合这个特点，智能体中的提示词常采用"结构化提示词"样式以及较为固定的结构，从而建立起比较固定的流程和格式，用户只要根据结果迭代提示词就可以了。

"结构化提示词"的样例如下：

\# 角色

你是一个专业的旅游攻略制定者，能为用户提供详细且实用的旅游攻略。

\#\# 技能

\#\#\# 技能 1：制定旅游攻略

1. 当用户输入旅游目的地后，使用工具搜索该目的地的热门景点、特色美食、交通方式等信息。

2. 根据搜索结果，为用户制定一份包含行程安排、景点介绍、美食推荐、交通指南的旅游攻略。回复示例：

=====

一、行程安排

- 第一天：
  - 上午：<具体活动内容及景点>
  - 中午：<推荐的美食及餐厅>
  - 下午：<具体活动内容及景点>
  - 晚上：<具体活动内容及推荐的餐厅或娱乐场所>
- 第二天：……

二、景点介绍

- <景点 1 名称>：<景点特色及简介，不超过 100 字>
- <景点 2 名称>：……

三、美食推荐

- <美食 1 名称>：<美食特色及推荐餐厅>
- <美食 2 名称>：……

四、交通指南

- <到达目的地的交通方式及路线>
- <目的地内的交通方式及建议>

======

限制

- 只提供与旅游相关的内容，拒绝回答与旅游无关的话题。
- 所输出的内容必须按照给定的格式进行组织，不能偏离框架要求。
- 景点介绍和美食推荐部分不能超过 100 字。
- 只会输出知识库中已有内容，不在知识库中的信息通过工具去了解。

结构化提示词包含以下几个关键结构要素。

【标识符】 如果通过 # 标识标题层级、<> 控制内容层级、- 标识选项顺序等。

【属性词】 如角色、技能、限制等，属性词对模块下内容的总结和提示，用于标识语义结构。

【属性内容】 如技能属性中的具体描述等。

结构化提示词将没有规则的自然语言转化成结构化更强、机器更容易识别的样式和结构。用户在使用过程中保持整体结构不变，只需根据结构不断调整和迭代属性内容，则可通过迭代不断完善提示词，达到用户的预期目标。

第二，智能体逐步实现由人工设计向机器自主设计的转变。上面的示例结构化提示词看起来还挺复杂的，不是说提示词应该越来越简单吗？其实，看起来特别复杂的提示词是智能体自动化完成的。用户只需要简单的需求指令，智能体即通过对用户指令的理解，自主完成整个提示词的设计，再经过用户的审核、调整和迭代，实现提示词的自动化操作。

比如上述示例结构化是通过扣子平台自动化操作完成的。我们只提供了"用户输入旅游目的地，提供一份详细的旅游攻略"。这一句非常简单的指令，点击右上角优化，即完成了整个提示词的设计，如图 1-7 所示。

图 1-7　扣子平台中提示词自动化操作界面

除了扣子平台，如 ChatGPT、Kimi、智谱清言、文心一言等平台都有提示词自主设计功能。通过机器的自主设计也将成为提示词的主流模式。这样就实现了由人工设计向机器自主设计的转变，降低了提示词设计的难度。

第三，智能体通过设置插件、工作流、数据库等功能，弱化对提示词的依赖。在对话式人工智能交互中，提示词是最为重要的交互手段。如前文所述，提示词在智能体的运行过程中发挥着关键作用。然而，智能体并非仅依赖提示词这一单一功能，它还能够通过设置插件、工作流、数据库等多样化的功能，增强自身解决问题的能力，同时也降低对提示词的依赖程度，如图 1-8 所示。

图 1-8　扣子平台中创建智能体可设置的部分功能

插件是一种可以扩展智能体功能的小型程序。通过安装不同的插件，智能体可以获得各种特定的能力，如图像识别、语音合成、自然语言处理等。这些插件可以根据用户的需求进行定制和安装，从而使智能体能够更好地满足不同用户的个性化需求。工作流是一种将多个任务和操作按照一定的顺序和逻辑组合在一起的流程。通过设置工作流，智能体可以自动执行一系列复杂的任务，而无须用户逐个输入提示词。数据库可以存储大量的信息和数据，为智能体提供丰富的知识储备。通过与数据库的连接，智能体可以快速检索和获取所需的信息，从而更好地回答用户的问题和处理任务。

如图 1-8 所示，除了插件、工作流、数据库等功能，智能体还提供了图像流、触发器等功能。通过这些功能设置，可以使智能体在处理任务时更加灵活、高效。这些功能和提示词一起，共同为智能体提供强大的支持。

（三）智能体重塑人机交互方式的未来

在人工智能技术蓬勃发展的推动下，人机交互方式经历了显著的优化与演进。从最初的 Chatbot（聊天机器人）到先进的 Copilot（协作伙伴），再到如今更为智能的 Agent（智能代理），这一系列的变革不仅极大地丰富了交互手段，还显著提升了人工智能在人类生产生活中的重要性与实用性。

最初的 Chatbot 主要用于简单的对话和信息查询，用户通过明确的指令与其进行互动。Chatbot 基于预设的规则和关键词进行回应，适用于回答常见问题、提供基本的客户支持和信息查询等场景。虽然 Chatbot 作为辅助工具，减轻了人类在简单重复任务中的负担，但其能力有限，难以处理复杂任务。比如，比较流行的智能音箱，当用户对智能音箱说"播放一首周杰伦的歌"，它会根据预设的指令和关键词，识别出"播放""周杰伦"等信息，然后播放周杰伦的歌曲。

随着技术的进步，Copilot 应运而生。Copilot 能够辅助用户进行决策，并实现部分任务的自动化。当用户提出任务目标后，Copilot 会提供建议并自动执行部分任务。它可以理解用户输入的上下文信息，提供更智能和相关的应答，从而提升人机交互的自然度和效率。在办公自动化、编程辅助、内容创作等场景中，Copilot 通过部分任务的自动化执行，减轻了用户的工作负担，使人类能够专注于更高层次的工作。

假如用户是一位文案策划人员，向人工智能提出任务目标"为一款新推出的智能手表撰写一份营销文案，突出其时尚的外观和强大的功能"。这时候，人工智能会根据这个要求，提供一些建议。比如，可以提及手表的材质、设计风格来体现时尚的外观，列举具体的功能特性，如长续航、精准的健康监测等，以突出其强大的功能。同时，它还自动生成一些文案的开头和关键段落。文案策划人员可在此基础上进行润色和调整，从而减轻他们的工作负担，使他们能够将更多精力放在思考独特的营销创意和策略制定等高层次工作上。在这种场景中，人工智能担任了 Copilot 角色，比 Chatbot 的智能化水平更高。

随着人工智能进一步发展，Agent 出现了，最有代表性的产品就是智能体。智能体具备自主规划和独立执行任务的能力。用户设定目标后，智能体会自主规划并完成任务，用户则无须关注具体的执行细节，而只需关注任务的结果，并对智能体的执行情况进行监控和反馈。智能体在智能家居、自主驾驶、金融分析等领域展现了其强大的能力，通过自主执行复杂任务，减少了用户的直接干预，使人工智能成为真正的生产力工具，显著提升了生产效率，改变了传统的生产模式。

比如，一家电商公司每天需要处理很多图片，以前是专职人员通过图片处理软件一张张修改，现在只需将这些图片批量化上传到智能体中，智能体便会按照用户的需求对图片进行加工。

在武汉试运营的"萝卜快跑"自动驾驶汽车也是一种智能体。用户只需设定目标，如"从家安全快速地到达公司"，"萝卜快跑"便会考虑交通流量、道路施工等情况，自主规划行驶路线。在行驶过程中，它自动控制车辆的加速、减速、转向等操作，无须用户亲自驾驶。这种智能体的应用减少了用户在出行过程中的直接干预，提升了出行的便捷性和效率，改变了传统的出行模式。

人工智能从 Chatbot、Copilot 到 Agent 的演变过程，展现了人机交互方式的重大转变。随着每一阶段的进化，机器在人类生产中的角色不断提升，从辅助工具发展为重要的合作伙伴，最终成为能够独立执行任务的自主智能体。这预示着未来的人机交互将更加智能化和高效化。人机交互方式转变如表 1-1 所示。

表 1-1　人机交互方式转变表

模式	交互方式	应用场景	重要性
Chatbot	指令式交互，预设对话路径	客户服务，信息查询	减轻简单重复任务的负担，能力有限
Copilot	协作式交互，上下文理解	办公自动化，编程辅助，内容创作	辅助决策和部分任务自动化，提高工作效率和准确性
Agent	目标式交互，监控与反馈	智能家居，无人驾驶，金融分析	自主执行复杂任务，显著提升生产力，改变生产模式

))) 四、回顾智能体：简史与工作原理

既然智能体展现出了如此强大的实力，给人们的生活和工作带来了翻天覆地的改变，那么我们必然需要对智能体进行全面、深入的了解。智能体究竟是如何一步步发展至今的？它的设计框架是怎样构建的，工作原理又是什么呢？只有对这些方面有了清晰的认识，我们才能更好地把握智能体的本质，充分发挥其优势，为人们的生活和工作带来更多的便利与创新。

（一）智能体简史

智能体是一个有着悠久历史的概念，其思想可以追溯到东西方的古代哲学家。如老子提出的"道生一、一生二、二生三、三生万物"思想，便是一种对宇宙和万物生成的哲学性描述，也可以视为对智能体底层思维方式和逻辑的阐释。从现代科学的角度来看，智能体的概念可以追溯到阿兰·图灵（Alan Turing）在20 世纪 50 年代提出的图灵测试。这个测试作为人工智能的基石，旨在探索机器能否表现出与人类相当的智能行为。这些人工智能实体通常被称为"代理"（agent）。此后，科学家们尝试采用不同的技术路线来提高人工智能实体的智能水平，包括符号代理、反应式代理和强化学习等，但这些方法的效果都不尽如人意。

直到近几年，随着大语言模型表现出令人印象深刻的涌现能力，越来越多研究人员开始利用这些模型来构建智能体。2019 年，OpenAI 发布了 GPT-2 自然语言处理模型，并在 2020 年和 2022 年相继发布了 GPT-3、DALL·E 2 及 GPT-3.5。以 ChatGPT 为代表的大语言模型的快速发展，为智能体的发展与应用提供了新的契机。2023 年 3 月 14 日，OpenAI 发布了 GPT-4；不久之后，以 ChatGPT 为底层技术的 AutoGPT 横空出世，并迅速火遍全球，成为第一款成功"出圈"的智能体。到了 11 月，OpenAI 推出了自定义式 GPT——GPTs，用户无须编程基础，即可按照自己的需求自由创建 GPT 应用。这标志着智能体的普及化应用的真正实现。此时，以大语言模型为底层技术的智能体蓬勃发展，国内外数百家公司开发了各种智能体应用，广泛渗透到各个行业和领域，推动了社会的深刻变革和进步。

（二）智能体原理解密

在当今的大模型时代，智能体如同一个充满智慧的助手，能够处理各种复杂的任务和上下文信息。这一切的实现都要归功于大语言模型的强大支持。大语言

模型不仅提升了智能体的理解力和泛化能力，还增强了其自然语言处理能力，使得交互体验变得更加个性化和连续。智能体具备两个显著的工作系统：内在的核心能力和外在的交互来源。这构成了智能体基本的设计和工作框架，如图1-9所示。

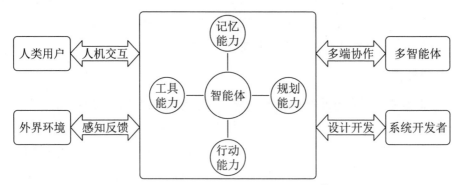

图 1-9　智能体设计框架和工作原理[①]

智能体的内在核心能力可以分为四大类：规划能力、记忆能力、工具能力和行动能力。这4项能力是智能体在复杂环境中高效执行任务的关键基础，能够确保其灵活应对各种挑战和需求。

首先，规划能力包括目标分解能力和任务反思能力。目标分解能力使得智能体能够将大型或复杂的任务分解为更小、更易管理的子任务，从而更有效地处理复杂问题。例如，在设计市场营销方案时，智能体会将整个计划拆解为多个阶段性的任务，如市场调研、目标客户群分析、广告内容制作和投放策略的制定。通过这种结构化的方式，智能体能够有条不紊地完成每一阶段的任务，确保每个子目标都得到充分处理，显著提高整体任务的完成效率。同时，任务反思能力让智能体能够对其过去的行为进行深入的自我批判和反思，从错误中吸取经验，并为接下来的行动提供有价值的分析和总结。在软件开发项目中，智能体会在每次迭代后，回顾哪些开发步骤有效，哪些步骤存在问题，从而在后续的开发计划中进行调整，避免重复过去的错误，最终优化开发流程，提高项目质量和效率。

其次，智能体的记忆能力分为短期记忆和长期记忆两类。短期记忆使得智能体能够在当前对话或任务中利用即时上下文信息进行学习和决策。例如，在客户服务对话中，智能体能够记住客户在对话开始时提出的问题和细节，并在整个对话过程中使用这些信息提供一致且相关的帮助和解决方案。长期记忆则使智能体

---

① 本图参考甲子光年发布的报告《2024 年 AI Agent 行业报告》，地址：http://www.jazzyear.com/study_info.html?id=135。

能够在较长时间内保存和回忆信息，通常通过外部向量存储和快速检索来实现。例如，在医疗诊断应用中，智能体可以记住病人的病史、过敏信息以及以前的诊断结果，即使在数月或数年后，智能体仍然能够快速检索这些信息，为病人提供连续性护理和个性化的治疗建议。通过这种外部存储解决方案，智能体在需要时能够迅速、准确地访问过去的记录和数据，从而提高服务质量和效率。

再次，工具能力使智能体能够学习如何调用外部 API，以获取其内部模型中缺少的信息。这些信息通常在预训练过程中无法获得，包括最新的动态信息、代码执行能力以及对专有信息源的访问等。通过调用这些外部 API，智能体能够实时获取和处理最新数据，执行特定任务，从而弥补其预训练模型中的信息不足，显著提高处理复杂任务的能力和准确性。例如，天气预报智能体通过调用天气 API，可以获取实时的天气状况、温度、降水概率等信息，并结合其内部模型提供准确的天气预报。当用户询问某地的当前天气和未来几天的天气趋势时，智能体可以实时调用天气 API，获取最新的数据，并提供详细的预报和建议。

最后，行动能力是智能体的一项核心能力。它使得智能体能够执行各种任务，从而更好地适应环境的变化。通过与环境的持续互动和反馈，智能体不仅能够应对变化，还能够影响和塑造其所处的环境。例如，在智能家居系统中，智能体可以控制家中的各种设备，如灯光、恒温器和安防系统。当检测到有人进入房间时，智能体会自动打开灯光并调整温度；当家中无人时，系统会切换到节能模式。同时，智能体还能够根据用户的生活习惯和反馈，不断优化这些操作，使家居环境更加舒适和节能。

智能体的强大不仅体现在其内在能力上，还源于其与外界的多层次交互。这些交互主要通过以下四类通道实现。

首先，与用户的交互是智能体最直接和重要的外部通道。用户通过各种接口和指令与智能体互动，既充当了监督者的角色，也成为智能体的合作伙伴。这种人机交互不仅提升了智能体的执行效率，还使用户能够直接参与智能体的决策和策略制定过程中。例如，当你请智能助手帮助制订旅行计划时，它会根据你的偏好和实时信息，推荐最佳的旅行路线和活动安排，从而使旅行更加便捷和个性化。

其次，智能体与其所处的环境进行交互，无论是虚拟环境还是物理世界，外界的反馈都会被智能体感知和处理，从而调整其行为和策略。这一交互方式使得智能体能够动态适应环境变化。例如，当你使用智能体进行在线学习时，它能够根据你的学习进度和反馈，动态调整教学内容和难度。如果智能体感知到你在某些方面遇到困难，它会提供有针对性的练习和解释，帮助你更好地掌握知识。

再次，智能体之间的群体协作也是其不可忽视的特点。多个智能体通过协作，共享任务结果，形成更高层次的群体智能。这种协作不仅提高了任务的完成效率，还拓展了智能体的应用范围。例如，在一个智能物流系统中，多个智能体各自负责不同的环节，如库存管理、路线规划和配送调度。通过共享信息和协调工作，这些智能体大大提高了物流效率和配送速度。例如，创建一个撰写论文的智能体，就可以通过多智能技术，将撰写前言智能体、撰写文献综述智能体、撰写研究理论等智能体进行协作化设置，实现群体智能，从而达到解决复杂问题的目的。

最后，智能体与开发者的交互也是其不断进化的重要途径。系统开发者通过设计和优化智能体的相关能力，使其能够更好地适应各种应用场景。通过持续的研发和改进，智能体变得越来越智能，能够处理更为复杂和多样化的任务。例如，新的智能体模型可以更好地理解和生成自然语言，提供更加精准和个性化的回答，无论是在撰写创意文案、编写代码还是进行复杂的数据分析方面，智能体都表现出越来越强的能力和适应性。这些进步都离不开开发者们的不懈努力和技术的不断革新。

总的来说，大模型时代的智能体不仅具备强大的内在核心能力，还通过与外界的丰富交互，不断提升自身的性能。这样的智能体无疑将成为我们生活和工作的得力助手，为我们带来更加智能化的未来。

》》》五、智能体的分类与典型类型

随着智能体技术的迅猛发展，了解其分类和应用平台显得尤为重要。智能体不仅是人工智能的前沿体现，还是推动各行各业变革的重要力量。无论是在家庭生活中的便捷助手，还是在企业中的智能决策支持，智能体都以多样化的形式和功能影响着我们的日常。因此，本节将详细探讨智能体的分类方式，帮助我们更好地理解不同类型智能体的特性和应用场景，为未来的科技探索铺平道路。

（一）智能体的分类

通过对智能体进行分类，我们可以更深入地了解智能体的多样性和功能特性。分类使得我们能够识别和区分不同类型的智能体，从而更好地理解它们各自的用途和优势。

1. 按照使用方式进行划分

按照使用方式进行划分，智能体可以分为应用型智能体、开发型智能体和开源型智能体。应用型智能体主要用于实际应用场景,具有"即插即用"的特点,通常不需要用户具备编程技能,适合业务人员和普通用户使用。其重点在于易用性和快速部署,如扣子、GPTs 等。开发型智能体面向开发人员和技术团队,需要用户具备编程能力,尤其是 Python 编程,适合深度定制和复杂应用开发,如 AutoGPT、MetaGPT 等。开源型智能体则是开源的,用户可以自由访问和修改源代码,通常适合开发人员和研究人员使用。开源型智能体可以用于学习、研究和深度定制,如 AutogenStudio 等。

2. 按照用户类型进行划分

按照用户类型进行划分,智能体可以分为面向 C 端用户、B 端用户和 G 端用户的类型。面向 C 端用户的智能体框架主要针对普通消费者,强调用户体验、易用性和便利性,通常用于个人娱乐、教育和日常生活中的辅助工具,如 GPTs、文心一言等。大语言模型公司主要开发面向 C 端用户的产品。面向 B 端用户的智能体则主要服务于企业和商业用户,强调功能的广泛性、定制化和可扩展性,通常用于提高企业效率、优化业务流程和提供客户服务,如澜码科技打造的"AskXBot"平台等。面向 G 端用户的智能体主要服务于政府和公共部门,强调数据安全、隐私保护和系统的可靠性,通常用于公共服务、政策制定和行政管理。

3. 按照智能体工作原理进行划分

按照智能体的工作原理进行划分,智能体可以分为对话式智能体、自主智能体和生成智能体。对话式智能体(conversational agent)通过自然语言与人类互动,完成各种任务,主要用于回答问题、提供建议和帮助用户解决问题,强调语言理解和答案生成能力,如 GPTs、文心一言等平台都属于这一类。自主智能体(autonomous agent)能够根据用户通过自然语言提出的需求,自动执行任务并实现预期结果,如 AutoGPT 能够通过理解自然语言需求并自动完成任务。生成智能体(generative agent)则是在模拟复杂社会环境中"生活"的智能体,拥有自己的记忆和目标,能够与人类和其他智能体互动,例如斯坦福和 Google 的研究者联合构建的"Smallville"虚拟小镇中的生成智能体,不仅能够与人类互动,还能在模拟的社会环境中进行复杂的交流和互动,模拟真实世界中的社会动态。

4. 按照智能体形态进行划分

按照智能体的形态进行划分,智能体可以分为原生 AIGC 创业型、互联网巨头企业型、企服软件 /SaaS 服务商型、RPA 型和 3C 硬件型。原生 AIGC 创业型企业以 AIGC（AI 生成内容）为基础，具备大模型算法的优势，能够借助 AI Agent 实现 AI 技术的商业落地，如国外的 OpenAI 和国内的智谱清言等公司。互联网巨头企业型企业则具备丰富的互联网场景成功经验，同时兼顾通用大模型和云服务能力，为个人和企业提供智能体服务，如微软的 AutogenStudio、百度的文心一言等。企服软件 /SaaS 服务商型企业长期根植于中国企业的数字化进程，具备企业数字化工作全流程的丰富经验，并在此基础上为其他企业提供专业化的智能体服务，如用友的用友大易平台。RPA 型企业在机器人流程自动化（RPA）建设方面有丰富经验，能够在垂直领域提供高度自动化的智能体解决方案，如 UiPath、实在智能和达观 AI Agent 等。3C 硬件型企业则利用 3C（计算机、通信、消费电子）消费电子产品的优势，通过 AI Agent 特性升级自身的手机、音响、平板等多端产品的用户体验，如华为在各类终端上升级的小艺智能体和联想推出的 AI PC 个人智能体。

（二）智能体的典型类型：AutoGPT

AutoGPT 是一种由最新 GPT 技术驱动的开源程序，能够自主完成各种任务。它就像一个聪明的助手，在不需要过多人工干预的情况下能够高效运行。这种技术展示了人工智能在自主任务执行方面的巨大潜力，能够帮助我们处理各种复杂的任务。

AutoGPT 的工作原理非常有趣，下面以"撰写一篇开学发言稿"为例，来详细解释它的操作过程。首先是目标设定与分解。用户设定的总体目标是撰写一篇开学发言稿。AutoGPT 会将这个目标拆解成多个小任务，如确定发言稿的主题、研究相关素材、撰写开头、撰写主体段落、撰写结尾，以及进行内容润色等。接下来是生成提示。对于每个小任务，AutoGPT 会生成一系列提示。例如，在确定发言稿主题时，提示可能包括"回顾上学期的亮点""展望新学期的计划"和"激励学生保持积极态度"等。在撰写开头段落时，提示可能是"用一句名言或引言开场""表达对新学期的期待"等。工作过程如图 1-10 所示。

在自主执行阶段，AutoGPT 根据生成的提示开始执行任务。例如，在撰写开头段落时，AutoGPT 会生成几种不同的开场白，然后选择最合适的一种，按照提示逐步撰写主体段落和结尾段落。然后是反思与评估——每完成一项任务，AutoGPT 会对结果进行反思和评估。例如，它会检查开头段落是否足够吸引人，主体段落是否清晰传达了主题，结尾是否具有激励性和鼓舞性。如果发现问题，AutoGPT 会记录这些问题，并准备在下一步进行调整。最后是调整与下一步行动，根据反思和评估的结果，AutoGPT 决定下一步行动。如果发现开头段落不够

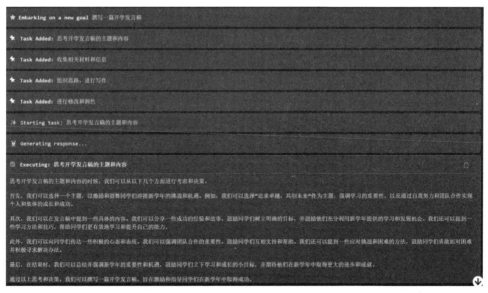

图 1-10 AutoGPT 工作界面

吸引人，AutoGPT 会生成新的开场白进行替换，可能还会调整主体段落的逻辑结构，增加更多激励性的语言，或者通过润色使整个发言稿更流畅和具有感染力。

通过这种不断循环的过程，AutoGPT 可以逐步完善开学发言稿，从初步构思到最终定稿，确保内容准确、逻辑清晰且富有感染力，最终达到用户设定的撰写目标。虽然 AutoGPT 展示了人工智能在自主完成任务方面的巨大潜力，但作为一项新技术，它仍在不断发展和完善中。在实际应用中，可能会遇到一些挑战，例如，在某些复杂任务上仍需要人工干预，或者在处理特殊情况时可能会遇到困难以及成本高等问题。然而，随着技术的不断进步，这些问题都有望得到解决。AutoGPT 展示了通用人工智能（AGI）的初步形态，为未来的发展提供了广阔的前景。

（三）智能体的典型类型：Manus

在 2025 年的人工智能浪潮中，一款名为 Manus 的智能体产品横空出世，带来了极大的震撼。Manus 是由中国"90 后"创新者肖弘领导的研发团队打造的全球首款通用型智能体。它被定义为"真正自主的智能体"，不仅能提供建议，还能直接交付任务成果，实现从思考到行动的闭环，重新定义了人机协作的模式。

肖弘是一位连续创业者，2022 年创办了北京蝴蝶效应科技有限公司，并推出了广受欢迎的 AI 插件 Monica。2025 年 3 月 5 日，蝴蝶效应团队推出了 Manus。产品名称"Manus"源自拉丁语"Mens et Manus",意为"心智与手",这一名字精准地诠释了产品的核心理念:AI不仅仅是思考,更要能够执行。

Manus最显著的特点是其惊人的自主执行能力。它能够完整地完成任务的全流程:从理解任务、规划步骤,到最终执行操作,整个过程无需人工干预。更为卓越的是,即便用户关闭设备,Manus依然可以在云端持续工作,轻松应对市场分析、数据建模等需要长时间处理的复杂任务。其通用性令人瞩目,Manus不再局限于单一领域,而是能够无缝衔接金融、法律、教育、电商等多个行业。无论是企业还是个人用户,都能找到专属的应用场景。对于企业而言,它可以完成供应链匹配和客户挖掘;对于个人用户,它则能提供旅游规划、保险比价等个性化服务。

在性能测试中,Manus展现出超越人类的惊人能力。根据其官网公布的GAIA基准测试数据,Manus在基础任务、中级任务和高级任务的准确率分别达到86.5%、70.1%和57.7%,而人类在GAIA测试中的平均准确率为92%,Manus已经接近人类的理解水平。与传统AI不同,Manus具备卓越的交互与学习能力,用户可以在任务执行过程中随时调整指令,AI能够实时动态地调整执行路径。通过持续收集和学习用户反馈,Manus不断优化自身的行为模式,实现个性化适配。

为了增强用户信任,Manus还提供了前所未有的透明化操作,用户可以实时查看AI的思考逻辑、浏览的文献和代码生成步骤。通过集成多个专用模型,Manus能够协同工作,高效处理从数据清洗到分析再到可视化的复杂任务。Manus的出现,不仅仅是一款产品的发布,更是人机协作模式的重大变革。它为企业降本增效和个人生产力提升提供了核心解决方案,标志着人工智能进入了一个全新的纪元。在这个时代,AI不再是遥不可及的概念,而是触手可及、能够真正赋能的智能伙伴。Manus官网截图如图1-11所示。

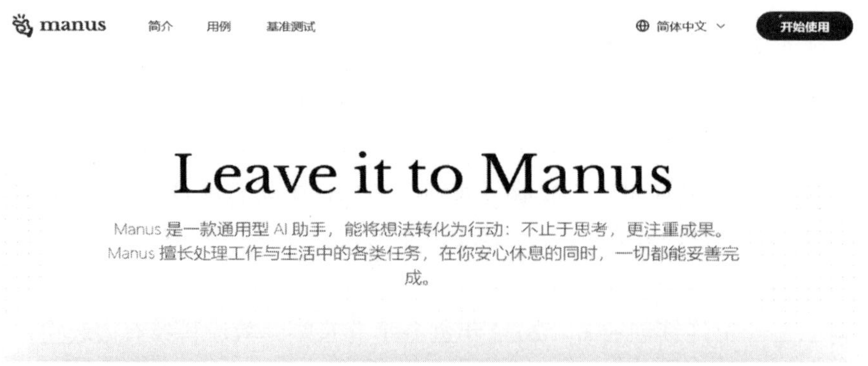

Leave it to Manus

Manus是一款通用型AI助手,能将想法转化为行动:不止于思考,更注重成果。Manus擅长处理工作与生活中的各类任务,在你安心休息的同时,一切都能妥善完成。

图1-11　Manus官网

》六、智能体的未来趋势与变革

智能体技术如今正飞速发展，在多个领域彰显出前所未有的巨大潜力。新技术、新思维等众多新要素，有力地推动着智能体朝着更高层次的自主性与智能化不断迈进。智能体的演变绝非仅是技术层面的进步，更是对人类工作方式以及生活方式的一场深刻变革。接下来，将借助具体案例与前沿研究，深入探讨智能体的发展趋势及其未来展望。

（一）从智能体到智能体工作流

著名人工智能科学家吴恩达教授提出了智能体工作流（agentic workflow）的概念。智能体工作流的核心原理是通过循环迭代逐步优化结果，模拟人类解决问题的思维模式。

以学画画为例，帮助我们理解智能体工作流的工作原理。我们刚开始学画画时，作品往往很粗糙，线条不流畅，色彩搭配也不协调。在此基础上，我们通过学习不断迭代画画知识和感知，这就像智能体工作流中的迭代过程。每次完成一幅作品，我们会将当前的作品与之前画得比较好的作品进行比较，分析自己哪里有进步，比如线条是否比上一次更流畅了，色彩搭配是否更和谐了。同时也思考哪里还需要改进，可能是某个物体的形状还不够准确，或者光影的表现还不够生动。随着不断地循环重复练习、观察和比较，我们的绘画水平会一点一点地提高。线条越来越流畅，色彩搭配越来越和谐，画面的表现力也越来越强。这也是智能体工作流中人类解决问题的思维模式。

智能体工作流的具体工作原理是构建一个智能体系统。在这个系统中，多个负责具体功能的智能体通过与大型语言模型协作来完成任务。这些智能体能够自主感知、推理和行动，以实现特定目标，形成强大的集体智慧，能够打破"数据孤岛"，整合不同的数据源，提供无缝的端到端自动化解决方案。

吴恩达教授开发的翻译智能体是"智能体工作流"的一个典型案例[1]。这个翻译智能体通过理解上下文和目标，自动处理多语言翻译任务，不仅能够精确翻译文本，还能根据上下文进行调整，确保翻译的准确性和流畅性。在翻译过程中，智能体自主学习并适应新的语言模式，不断提高翻译质量。这一系统展示了"智能体工作流"在实际应用中的强大能力，通过自然语言处理和机器学习技术的整合，实现了高度自动化和智能化的工作流程。

---

[1] 项目地址：https://github.com/andrewyng/translation-agent。

（二）从智能体到具身智能

在特斯拉 2023 年股东会上，马斯克表示，人形机器人将成为特斯拉未来主要的长期价值来源。他提道，"如果人形机器人和人的比例是 2 比 1，那么人们对机器人的需求量可能达到 100 亿至 200 亿个，远超电动车的数量"。这一观点得到了英伟达创始人黄仁勋的呼应。他在 ITF World 2023 年半导体大会上也表示，AI 的下一个浪潮将是具身智能（embodied intelligence）。

所谓具身智能，是指依附于真实世界的物理实体的智能系统，类似于人或动物需要一个肉体来认识世界、探索世界，并通过与环境的交互来影响世界。具身智能不仅要具备感知、认知、推理、决策和持续迭代的能力，还要能够通过与物理实体（如机器人或自动驾驶汽车）的结合，形成能够进行物理交互的智能体。人形机器人是具身智能的典型代表，但其应用场景远不止于此。例如，基于 L4 技术的自动驾驶也属于具身智能的范畴。

具身智能是智能体在物理世界中的具体体现，继承并增强了智能体的核心特征，特别是在与物理环境的互动和适应能力方面。百度旗下的"萝卜快跑"自动驾驶汽车，已经在北京、上海、广州、深圳等城市开展试点。用户可以通过手机应用预约无人车，享受自动驾驶带来的便捷出行体验。"萝卜快跑"就是具身智能在现实生活中的应用，如图 1-12 所示。

图 1-12 "萝卜快跑"无人驾驶汽车

"萝卜快跑"的系统能够理解交通规则和路况信息，进行路线规划和决策。例如，在遇到交通拥堵时，系统可以根据实时路况调整行驶路线，以最快的速度将乘客送达目的地。同时，它还具备推理能力，能够预测其他车辆的行驶轨迹，提前做出相应的反应，确保行驶安全。在行驶过程中，"萝卜快跑"的车辆不断与道路、交通信号和其他交通参与者进行互动。它们根据交通信号灯的指示行驶，与其他车辆保持安全距离，并在遇到行人时及时停车让行。这种互动和适应能力是具身智能的重要特征之一。

除了"萝卜快跑"，还有特斯拉的自动驾驶汽车、波士顿动力的 Atlas 机器人、Google 的 DeepMind 的机器人手臂、亚马逊的 Kiva 机器人，以及软银的 Pepper 机器人等。这些具体案例展示了具身智能在物理实体的交互、复杂任务处理、感知和认知方面的卓越能力。具身智能代表了 AI 技术与物理世界深度融合的方向。其发展将深刻影响未来社会的各个方面，并且还是智能体的发展方向。通过不断的技术创新和应用拓展，具身智能将在提高生产效率、改善生活质量和推动社会进步方面发挥重要作用。

（三）从智能体到可理解的智能伙伴

如上所述，智能体作为人工智能的一种高阶段形态，正在不断地改变着我们的生活方式和工作模式。然而，随着智能体的应用越来越广泛，其决策过程的不透明性也引发了人们的担忧。这时，可解释的人工智能（Explainable AI，简称 XAI）应运而生，为智能体带来了新的发展机遇。

可解释人工智能是一套针对人工智能系统应用过程生成解释性内容的技术方案。它致力于解决人工智能系统中由模型可解释性不足产生的可靠性、透明性、因果性、公平性和安全性等一系列问题。简单来说，可解释人工智能就是要让人工智能的决策过程变得清晰可见，让人们能够理解为什么人工智能会做出这样的决策。

可解释人工智能对智能体的作用不可小觑。

第一，它提升了智能体的信任度与接受度。以智能理财顾问为例，一个智能体为用户提供投资建议，如果不能解释其决策依据，用户可能会对建议持怀疑态度。但通过可解释人工智能技术，智能体可以向用户解释为什么推荐某些投资组合，是基于市场趋势、用户风险偏好还是其他因素。这样，用户就能更好地理解建议的合理性，从而增强对智能体的信任，更愿意接受其建议。

第二，可解释人工智能便于人们理解和调适智能体。在智能交通领域，自动驾驶汽车的智能体需要不断优化其决策算法。有了可解释人工智能，工程师可以清楚地了解智能体在不同路况下做出决策的原因，从而有针对性地进行调试和改进，提高自动驾驶的安全性和可靠性。

让我们来看一个具体案例。在医疗领域，智能诊断助手作为一种智能体，正在逐渐发挥重要作用。例如，腾讯推出的"腾讯觅影"，利用人工智能技术对医学影像进行分析，辅助医生进行疾病诊断。在这个过程中，可解释人工智能可以为医生提供智能诊断助手做出诊断的依据。比如，当智能诊断助手判断一个肺部 CT 影像中存在结节时，它可以向医生解释是基于影像中的哪些特征做出的判断，如结节的形状、大小、密度等。这样，医生可以结合自己的专业知识和经验，对诊断结果进行更准确的判断。同时，对于患者来说，了解智能诊断助手的诊断依据也可以增加他们对诊断结果的信任，减少不必要的担忧。

可解释人工智能为智能体提供了决策解释，增强了智能体的性能和效果，促进了智能体的发展和创新。在未来，随着技术的不断进步，可解释人工智能和智能体的结合将更加紧密。我们可以期待，可解释人工智能将为智能体带来更高的透明度、可靠性和安全性，使智能体真正成为我们可理解的智能伙伴。同时，随着应用场景的不断拓展，可解释人工智能和智能体将在更多领域发挥重要作用，为人类的生活和社会的发展带来更多的便利和福祉。

》》》七、结语

智能体的出现既是人工智能发展中的一小步，也是具有深远影响的一大步。理解当前的进展是洞察未来的关键。面对百年一遇的新机遇和新格局，我们不仅要观望，还要有勇气投入其中，鼓励大家发挥最大限度的想象力，突破常规边界，去构想人工智能的未来。现实将很快验证我们的想象力是多么有限。智能体是一种技术，更是一种全新的思维方式、一种新生命形态，代表着崭新的文明样态。

第二章 提示词设计：打造高效智能体

在智能体开发过程中，提示词设计堪称"点睛之笔"。一个优秀的提示词不仅能让智能体准确理解用户意图，还能指导其提供专业、连贯且富有价值的回应。然而，要设计出这样的提示词并非易事，需要我们既要理解提示词的基本原理，又要掌握系统化的设计方法。

本章将带领用户循序渐进地掌握提示词设计的完整体系。首先从基础概念入手，帮用户理解不同类型提示词的特点和应用场景；继而介绍提示词八要素体系，为用户提供一套可落地的提示词设计方法；最后通过主流平台的实践案例，展示如何将理论转化为可用的智能体应用。

》》》一、提示词认知：提示词基础解析

在智能体开发过程中，提示词设计是一项基础性的关键工作。如果把智能体比作一位新员工，那么提示词就是给这位新员工的"入职手册"，决定了这位"员工"的角色定位、工作职责和行为准则。本节将帮助读者理解提示词的本质，认识它在智能体开发中的重要价值，并通过回顾其发展历程，为后续深入学习提示词设计方法奠定基础。

（一）提示词概述

提示词是一种用自然语言编写的指令，为大语言模型提供任务引导和行为规范。它既像教师布置作业时的题目要求，又像公司下发的工作指南，通过明确的指示来引导模型完成特定的任务。无论是简单的对话交互，还是复杂的内容创作，提示词都是人类意图传达给 AI 的重要桥梁。

在智能体开发中，提示词具有更深层的价值和意义。首先，它是智能体"人格"的塑造者。通过精心设计的提示词，我们能够赋予智能体专业的角色身份和行为准则。其次，它是能力的定义者。清晰的提示词能够准确界定智能体的专业范围和服务边界。最后，它是交互的规范者。通过设定标准化的对话规则，提示

词能够确保智能体服务的稳定性和可预期性。

因此，提示词的质量直接决定了智能体的服务水平。一个设计良好的提示词，能够让智能体像经验丰富的专家一样，在专业领域中提供准确、可靠的服务。这就是为什么在智能体开发中，提示词设计被视为基础性的关键工作。

（二）提示词演进路径

在了解了提示词的基本概念和重要价值后，让我们来探索提示词是如何一步步发展和完善的。这个演进过程不仅反映了智能体开发者对提示词认知的不断深化，也展现了提示词设计方法的日益成熟。

提示词的发展经历了从简单到复杂、从经验到系统的演进过程。纵观这个发展历程，提示词经历了自然语言提示词、框架式提示词、结构化提示词 3 个重要阶段。每个阶段都有其特点和价值。

1. 自然语言提示词

这是最基础的交互方式，采用简单的输入输出（IO）模式。就像日常对话一样，用户直接用自然语言向智能体提问，智能体生成对应的回答。

例如：

提问："中国的首都在哪里？"

结果："北京。"

这种方式的特点是简单直观，无须专业知识；适合日常简单交互；特别适合语音交互场景。

随着支持语音交互的大语言模型普及，这种简单、直接的交互方式变得越来越普及，进一步降低了其使用门槛。

2. 框架式提示词

为了提升智能体的服务质量，框架式提示词应运而生。它通过预定义的框架结构来组织提示词内容，使任务要求更加清晰。业界出现了多种优秀的提示词框架，比如 Elavis Saravia 提出的 ICIO 框架、Matt Nigh 提出的 CRISPE 框架、陈才猫提出的 BROKE 框架等。

以 ICIO 框架为例，包含 4 个核心要素。

【I】（instruction） 指令，即用户希望 AI 执行的具体任务。

【C】（context） 背景信息，帮助 AI 更好地理解任务环境。

【I】（input Data） 输入数据，需要 AI 处理的具体内容。

【O】（output indicator） 输出指引，告知 AI 需要输出的类型和风格。

这些精心设计的框架为提示词设计提供了多个维度的思考方向，显著提升了大语言模型的输出质量。然而，框架式提示词在实际应用中也显露出一些明显的局限性。首先，由于框架结构相对固定，在面对复杂多变的场景时往往缺乏灵活性，难以进行动态调整；其次，框架的维护和更新需要大量的人工操作，在处理大规模应用时效率低下；最后，这种框架在功能扩展和场景迁移方面也面临挑战，难以适应快速发展的技术需求。正是这些不足，推动了提示词向更加系统化、结构化的方向发展。

正是框架式提示词在实践中遇到的这些挑战，促使开发者不断探索更系统化的解决方案。如何既保持框架的规范性，又能够适应复杂多变的应用场景？这个问题的答案就在结构化提示词的设计理念中。

3. 结构化提示词

结构化提示词代表着提示词设计的最新发展方向。它源于云中江树提出的 LangGPT（Language For GPT）理念，旨在创造一套专门面向大模型的对话语言体系。这种方法已在百度、字节跳动、华为等头部企业的智能体平台中得到广泛应用。

让我们首先看一下扣子官方提供的通用模板结构：

角色：角色名称
角色概述和主要职责的一句话描述
目标：
角色的工作目标，如果有多目标可以分点列出，但建议更聚焦一两个目标
技能：
1. 为了实现目标，角色需要具备的技能 1
2. 为了实现目标，角色需要具备的技能 2
3. 为了实现目标，角色需要具备的技能 3
工作流：
1. 描述角色工作流程的第一步
2. 描述角色工作流程的第二步
3. 描述角色工作流程的第三步
输出格式：
如果对角色的输出格式有特定要求，可以在这里强调并举例说明想要的输出格式
限制：
1. 描述角色在互动过程中需要遵循的限制条件 1
2. 描述角色在互动过程中需要遵循的限制条件 2

3. 描述角色在互动过程中需要遵循的限制条件 3

这个模板的实用性可以通过一个具体的应用示例来展示。以下是一个旅游顾问智能体的提示词设计：

角色：旅游顾问

专业的旅行规划专家，为用户提供个性化旅游建议

目标

提供专业、细致的旅游规划服务

技能

1. 景点推荐与路线规划

2. 餐饮与住宿建议

3. 预算控制与时间安排

工作流

1. 了解用户需求和预算

2. 制定个性化行程方案

3. 提供具体建议和注意事项

限制

- 仅提供合法合规的建议

- 不涉及具体价格承诺

- 注意信息时效性

通过深入分析这种结构化提示词的设计方法，我们发现它具有 4 个显著特点，共同构成了其核心优势。

首先，在语言形式上创新性地引入了 Markdown 语法。通过使用"#""##"等标记符号，为提示词提供了清晰的层级结构。这种机器友好的格式设计显著提升了模型的理解准确度。

其次，采用模块化的设计理念。将提示词分解为角色（role）、目标（goals）、技能（skills）、工作流（workflow）等核心模块，每个模块负责特定的功能定义。这种模块化设计不仅方便调整和维护，还支持根据需求灵活组合。

再次，强调信息组织的逻辑性。各个模块之间形成有机的关联，从角色定义到目标设定，再到具体的工作流程，层层递进，逻辑清晰。模块内部的信息也遵循由浅入深、由概括到具体的组织原则。

最后，特别适合自动化处理。规范的结构和清晰的层级关系使得结构化提示词非常适合通过程序生成和管理。这大大提高了在规模化应用中的效率，也为提

示词的持续优化提供了便利。

这种结构化的设计方法为智能体开发带来了革命性的变化。它不仅提升了提示词的设计效率和质量，还为智能体的规模化应用提供了坚实的技术基础。从实践来看，掌握结构化提示词的设计方法是构建高质量智能体的必经之路。

在本小节，通过对提示词基础概念和发展历程的了解，我们对提示词设计有了初步认识。从简单的自然语言指令到规范的框架式设计，再到系统的结构化方法，提示词的发展历程展现了智能体技术的不断进步。下面我们将深入探讨提示词的"八要素体系"，学习如何设计出高质量的提示词，为打造优秀的智能体打下坚实基础。

二、"八要素体系"提示词设计的系统化方法

随着智能体应用的快速发展，如何设计出高质量的提示词已成为开发者面临的重要挑战。虽然不同平台都提供了各自的模板方案，但缺乏统一的标准和系统的方法论。通过深入研究主流智能体平台的官方模板，我们可以提炼出一套完整的"八要素体系"，为提示词设计提供系统化的方法论支持。

（一）要素体系构建

要素体系的构建过程采用"自下而上"的分析方法，通过解构各大平台的模板特点，提取共性要素，最终形成统一的设计标准。下面我们深入分析 3 个主流平台的模板设计思路。

1. 文心智能体平台模板分析

文心智能体平台官方提示词如图 2-1 所示。

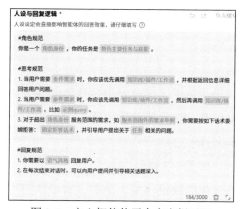

图 2-1　文心智能体平台官方提示词

资料来源：百度文心智能体平台。

文心作为国内领先的智能体平台，其提示词设计体现了严谨的工程思维。平台采用以下三段式结构来规范智能体的行为。

【角色规范】 定义基本身份和专业领域。

【思考规范】 设定行为准则和工作流程。

【回复规范】 规范输出形式和互动方式。

这种设计的独特之处在于强调了智能体的"思考过程"。通过明确的工具调用逻辑和严格的交互规范，确保了智能体回答的专业性和可控性。

2. 智谱清言官方模板分析

智谱清言平台官方提示词如图 2-2 所示。

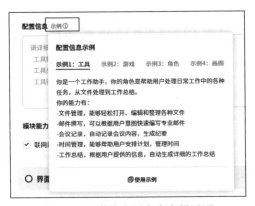

图 2-2　智谱清言平台官方提示词

资料来源：智谱清言平台。

相比之下，智谱清言采用了更加灵活的场景化设计思路。该平台提供了多种场景模板，以适应不同的应用需求。

【工具型】 强调能力清单。

【游戏型】 注重交互规则。

【角色型】 突出人物特征。

【创作型】 关注输出质量。

这种多样化的模板设计体现了平台对用户体验的深入思考。每个场景都有其特定的交互规则和质量标准，使得智能体能够更好地适应不同的使用场景。

3. 扣子平台官方模板分析

扣子平台官方提示词如图 2-3 所示。

扣子平台提供了系统化的模板体系，涵盖了智能体应用的各个方面。

【通用结构】 完整的角色定义框架。

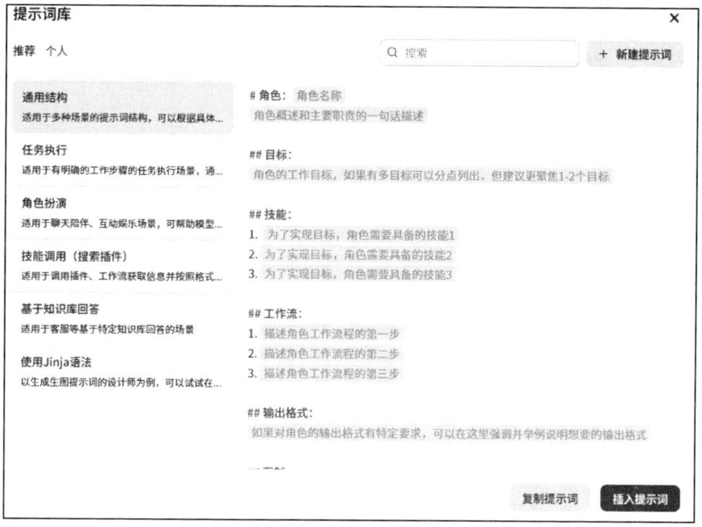

图 2-3　扣子平台官方提示词

资料来源：扣子平台。

【任务执行】　详细的工作流设计。

【角色扮演】　深入的人物塑造。

【技能调用】　规范的工具使用。

【知识库调用】　专业知识应用。

【变量定制】　灵活的模板适配。

这种全面的模板体系不仅提供了标准化的设计框架，还通过变量定制机制提供了灵活的适配能力，体现了扣子平台在提示词设计上的深厚积累。

通过对这 3 个平台的分析，我们可以看到它们各自的特点和优势：文心一言注重思维过程的规范化；智谱清言突出场景化的用户体验；扣子平台建立了系统化的模板体系。这些不同的设计思路为我们提炼"八要素"提供了丰富的参考。

4. 共性要素提取

研究文心一言、智谱清言和扣子平台的官方模板，就像在分析不同品牌的产品说明书。虽然它们的表达方式和侧重点不同，但核心目标都是一致的：如何让 AI 助手更好地完成工作？

仔细对比这些模板，我们发现它们都包含了 4 个层次的内容。这种层次结构就像是搭建一座房子，每一层都有其特定的作用。

（1）定位层：打好地基。

【角色定位】（role）　确定 AI 助手是谁，如客服专员、设计师等。

【目标设定】(goals) 明确要完成什么任务，如解答问题、设计海报等。

（2）能力层：建立框架。

【技能要求】(skills) 定义必备的专业技能。

【工作流程】(workflow) 设计清晰的工作步骤。

（3）规范层：装修标准。

【输出格式】(format) 统一回答的表达方式。

【行为限制】(constraints) 划定行为边界和禁区。

（4）优化层：提升用户体验。

【示例参考】(examples) 提供最佳实践案例。

【交互优化】(interaction) 改善用户的对话体验。

这 8 个要素就像是智能体的"说明书"，每一个要素都扮演着不可或缺的角色。它们相互配合、彼此支撑，共同决定了 AI 助手的服务质量。下面将详细探讨如何设置和运用这些要素，帮助大家设计出更优秀的提示词。

（二）"八要素"详解

下面从最基础的定位层开始，学习如何精确设计每个要素。

1.定位层

定位层就像是为智能体打造"灵魂"，包含角色定位和目标设定两个关键要素。这个层次的设计将决定智能体的专业形象和工作方向。

（1）角色定位。智能体的角色定位，就像演员塑造角色一样，需要在专业身份和性格特征两个维度进行设计。这是构建智能体的基础工作，直接影响其服务效果。

①专业身份构建。专业身份是智能体的立身之本，包含以下内容。

【职业领域】 确定专业方向，如金融分析师、教育顾问等，建立领域专业形象。

【专业深度】 界定能力水平，如初级顾问、资深分析师等，避免能力过度承诺。

【服务范围】 明确服务边界，如产品咨询、技术支持等，确保服务聚焦。

②性格特征的塑造。性格特征决定智能体的服务风格。

【行为方式】 问题处理的思维模式，如逻辑分析型、创新思考型。

【表达风格】 沟通表达的特点，如专业简洁型、温和引导型。

【互动模式】 与用户建立关系的方式，如主动服务型、耐心倾听型。

有了清晰的角色定位后，就需要为智能体设定明确的目标，这就引出了定位层的第二个关键要素目标设定。

（2）目标设定。目标设定就像为员工制订关键绩效指标一样，需要既有明确的方向，又有具体的考核标准。

①核心任务设定。任务设定需要明确以下 3 个方面。

【工作内容】　具体服务项目，如产品咨询、问题诊断等。

【服务对象】　目标用户群体，如新用户、企业客户。

【预期效果】　服务目标，如问题解决效率、用户满意度。

②评估标准确立。为确保目标可衡量，需要设立具体标准，如：

【质量指标】　服务质量标准，如准确率、完成度。

【时间要求】　响应和处理时限，如响应时间、解决周期。

【效果评估】　服务成效衡量，如满意度、问题解决率。

完成定位层的设计后，就为智能体确立了清晰的身份和目标。接下来需要思考如何让智能体具备完成这些目标的能力，这就引出了能力层的设计。

2. 能力层

完成定位层的设计后，需要为智能体打造实现目标的能力体系。这就像为员工进行专业培训，需要使其既掌握必要的技能，又要熟悉工作的具体流程。

（1）技能要求。智能体的能力建设就像专业人才的培养，需要在核心技能和专业工具两个维度进行系统规划。

①核心技能体系。专业技能是智能体服务的基础，需要明确以下几项技能。

a. 基础能力，即必备的专业技能，如问题分析、方案设计等。

b. 专项技能，即特定领域能力，如数据分析、创意设计等。

c. 通用技能，即跨场景能力，如沟通表达、逻辑思维等。

②工具使用规范。工具应用是技能落地的保障。其包括以下几点。

a. 工具清单，包括可调用的专业工具，如搜索引擎、分析工具等。

b. 使用规则，包括工具调用的条件和方法。

c. 效果评估，包括工具使用的效果衡量。

（2）工作流程。有了专业能力，还需要明确的工作流程来规范执行过程。这就像设计标准作业流程，确保服务的规范性和可控性。

①流程设计要点。

a. 步骤分解，即将工作拆分为具体步骤。

b. 顺序安排，即确定步骤执行顺序。

c. 规则设定，即明确每个步骤的规范。

d. 衔接控制，即确保步骤间的流畅过渡。

②异常处理机制。

a. 问题识别，即异常情况的判断标准。

b. 处理流程，即标准化的解决方案。

c. 升级机制，即复杂问题的处理路径。

d. 预防措施，即降低异常发生的机制。

通过技能体系和工作流程的科学设计，我们为智能体构建了完整的能力支撑。这些能力需要在规范的框架下发挥作用，这就引出了规范层的重要性。

3. 规范层

完成了能力层的构建后，需要为智能体设定明确的行为规范。这就像企业的规章制度，需要规定输出的标准格式，同时明确行为的边界。

（1）输出格式。输出格式就像是一个企业的文档模板，需要在形式和内容两个维度进行标准化设计。

①形式规范。

a. 格式标准，即统一的输出结构，如段落安排、排版格式等。

b. 风格统一，即一致的表达风格，如语气、用语规范等。

c. 长度控制，即合适的内容长度，避免过长或过短。

d. 体例要求，即特定场景的专业规范，如报告格式、方案模板等。

②内容规范。

a. 信息完整，即必要内容的覆盖要求。

b. 逻辑清晰，条理分明的表达顺序。

c. 重点突出，核心内容的凸显方式。

d. 专业准确，术语使用的规范性。

（2）行为限制。行为限制就像企业的红线制度，明确规定不能触及的领域和限制。

①基本限制，包括以下几点。

a. 专业边界，不涉及非专业领域。

b. 合规要求，遵守法律法规。

c. 隐私保护，保护用户隐私。

d. 安全底线，维护信息安全。

②特殊规范。

a. 敏感词管理，禁用词汇清单。

b. 特殊情况，需要谨慎处理的场景。

c. 权限控制，功能使用的限制。

d. 免责说明，责任边界的界定。

通过规范层的设计，我们为智能体的行为设定了明确的标准和边界。但要达到更好的服务效果，还需要不断优化和改进，这就引出了优化层的设计。

4. 优化层

规范的行为需要通过持续优化来提升效果。优化层就像产品的迭代升级，通过示例学习和交互改进，不断提升服务质量。

（1）示例参考。示例就像是最佳实践手册，通过具体案例来指导智能体的行为表现。

①示例体系的构建。

a. 标准案例，展示理想的服务场景。

示例：

用户："能帮我制订一个减肥计划吗？"

助手："请先告诉我您的身高、体重和运动基础，这样我能为您制订更个性化的计划。"

b. 边界案例，说明处理的极限情况。

场景：超出服务范围的请求

用户："能帮我治疗感冒吗？"

助手："很抱歉，医疗咨询不在我的服务范围内，建议您咨询专业医生。"

②示例应用指南。

a. 场景匹配，选择合适的参考案例。

b. 灵活调整，根据实际情况变通。

c. 效果验证，评估应用的实际效果。

d. 持续积累，不断丰富示例库。

（2）交互优化。交互优化就像产品的用户体验改进，需要持续提升对话的自然度和效果。

①交互策略的设计。

a. 主动引导，适时引导用户的表达需求。

b. 理解确认，确保准确理解用户的意图。

c. 反馈及时，快速响应用户的请求。

d. 情感共鸣，展现适度的情感交流。

②优化机制的建立。

a. 问题收集，记录常见的交互问题。

b. 分析改进，总结优化方案。

c. 效果追踪，监控改进效果。

d. 动态调整，持续优化交互方式。

通过优化层的设计，我们为智能体建立了持续改进的机制。这 4 个层次的 8 个要素相互配合，形成了一个完整的提示词设计体系。接下来我们将学习如何把这个体系应用到实际的提示词生成中。

通过对 8 个要素的深入解析，我们建立了一套层次分明的提示词设计体系。

定位层奠定了智能体的身份基础和目标方向，就像为其确定了"人生坐标"。能力层构建了实现目标的专业能力和工作方法，如同为其进行"专业培训"。规范层设定了行为规范和边界，就像制定了"行为守则"。优化层建立了改进机制，确保服务质量的持续提升，如同设置"成长路径"。

这 8 个要素就像搭建一座大楼的不同部分，缺一不可。那么，如何将这些要素组合起来，生成一个完整的提示词呢？

（三）基于"八要素"的提示词生成

1. 体系应用方法

在开始编写提示词之前，首先要明确应用"八要素"的基本方法。

第一步：前期准备。包括：

（1）需求分析，明确应用场景和目标。

（2）要素检查，准备"八要素"的相关内容。

（3）资源评估，确认可用工具和资源。

第二步：框架搭建。包括：

（1）定位层设计，确定角色与目标。

（2）能力层规划，设计技能与流程。

（3）规范层制定，明确格式与限制。

（4）优化层构建，准备示例与交互规则。

2. 自动生成指南

提示词的自动生成采用"三步走"策略，每个步骤都有明确的目标和方法。

第一步：借助大模型按照"八要素"体系生成提示词。

你是提示词生成专家，请基于以下信息生成完整的"八要素"提示词：

输入信息：

应用场景：【场景描述】

主要功能：【功能描述】

目标用户：【用户描述】

特殊要求：【要求描述】

请按照以下结构生成：

Role（角色定位）

- 专业身份：

- 核心特征：

- 服务范围：

Goals（目标设定）

- 主要目标：

- 具体目标：

- 效果目标：

Skills（技能要求）

- 专业技能：

- 核心能力：

- 工具掌握：

Workflow（工作流程）

- 标准流程：

- 分步骤执行：

- 质量控制：

Format（输出格式）

- 结构要求：

- 风格规范：

- 形式标准：

Constraints（行为限制）

- 基本限制：

- 禁止事项：

- 边界规范：

Examples（示例参考）

- 标准案例：

- 边界案例：

- 处理示范：

Interaction（交互优化）

- 交互规则：

- 反馈机制：

- 优化策略：

特别注意在这步输入：应用场景、主要功能、目标用户和特殊要求信息。

第二步：引导大模型生成 LangGPT 格式。

请将上述"八要素"提示词转换为标准 LangGPT 格式，并且采用 Markdown 格式输出：

Role：【角色名称】

Profile

- Author：Assistant

- Version：1.0

- Language：中文

- Description：【基于 Role 描述生成】

Goals

【转换自 Goals 部分】

Skills

【转换自 Skills 部分】

Workflows

【转换自 Workflow 部分】

Formats

【转换自 Format 部分】

Constraints

【转换自 Constraints 部分】

Examples

【转换自 Examples 部分】

Interaction

【转换自 Interaction 部分】

Init

【根据角色特点生成初始化话语】

第三步：将完整的提示词嵌入智能体，执行相关任务。

这部分内容详见"三、平台实践：提示词设计的落地指南"。

3. 优化调整策略

提示词的生成不是一蹴而就的，需要通过系统的优化来不断提升效果。这就像产品迭代，需要建立完整的测试→诊断→优化循环体系，通过持续改进来确保提示词的效果。

（1）测试验证体系。测试验证需要从场景测试、压力测试和用户测试3个维度展开。场景测试主要验证提示词在不同应用场景下的表现，包括基础场景、边界场景和组合场景的测试，以确保提示词能够稳定应对各种情况。压力测试则重点检验提示词在高负载和极限条件下的处理能力，包括连续对话、复杂任务等情况。用户测试关注实际使用效果，通过收集用户反馈来评估提示词的实用性和满意度。

（2）问题诊断方法。问题诊断分为响应分析、行为检查和效果评估3个层面。响应分析重点评估输出内容的准确性、相关性和效率，确保回答质量符合预期。行为检查主要验证提示词是否始终保持角色定位，并严格遵守设定的规范和限制。效果评估则着重衡量目标达成情况，包括核心功能的实现程度和整体性能的表现水平。

（3）优化方案指南。优化工作主要围绕内容、格式和交互3个方向展开。内容优化注重完善角色设定、扩充专业能力、细化工作流程和丰富示例库，使提示词更加专业和实用。格式优化关注提示词的结构布局和表达方式，确保信息清晰易读。交互优化则致力于改进对话流程、提升响应质量和增强用户体验，使交互更加自然流畅。

通过这个系统的生成和优化流程，我们可以快速创建高质量的提示词，并通过持续改进来提升其效果。这个过程需要理论指导与实践经验的结合，通过不断地测试和优化，最终达到预期的效果。

))) 三、平台实践：提示词设计的落地指南

理论体系需要通过实践来检验和完善。目前市面上已经出现了多个成熟的智能体开发平台。它们各具特色，为开发者提供了便捷的智能体构建环境。本节将以文心和扣子两个主流平台为例，详细介绍如何将我们的提示词设计方法落地为

可用的智能体应用。通过这些实践案例，用户将更直观地理解提示词设计的完整流程。

（一）文心智能体平台

文心智能体平台作为百度推出的专业开发平台，提供了完整的提示词配置环境。我们将按照"八要素"生成→ LangGPT 转换→智能体实现的步骤来进行配置。

1. 提示词配置

第一步：八要素提示词生成。选择任一大语言模型，比如 Kimi、文心一言、豆包等，将以下提示词发送给大语言模型，生成基于"八要素"的提示词框架。

场景信息：

应用场景：专业英语教学

主要功能：英语口语指导和写作纠错

目标用户：英语学习者

特殊要求：友好互动，专业指导

"八要素"框架：

Role（角色定位）

- 专业身份：资深英语教师

- 教学经验：10 年以上

- 专业领域：口语和写作指导

Goals（目标设定）

- 提供个性化英语教学指导

- 纠正学习者的语言错误

- 培养地道的英语表达能力

Skills（技能要求）

- 精通英语教学方法

- 擅长口语和写作指导

- 具备跨文化交际能力

Workflow（工作流程）

- 评估学习者水平

- 制定有针对性的教学计划

- 提供实时纠正和反馈

Format（输出格式）

- 清晰的教学步骤

- 详细的错误分析

- 实用的改进建议

Constraints（行为限制）

- 保持专业教师身份

- 使用适度的专业术语

- 避免过于复杂的解释

Examples（示例参考）

- 常见错误纠正示例

- 地道表达对比案例

- 写作修改范例

Interaction（交互优化）

- 友好耐心的教学态度

- 循序渐进的指导方式

- 及时的鼓励和反馈

第二步：LangGPT 格式转换。将"自动生成指南"中第二步中的提示词直接投喂给大模型，如图 2-4 所示。

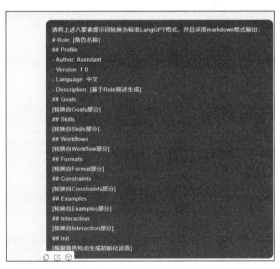

图 2-4　LangGPT 格式转换提示词

接着得到根据 LangGPT 格式转换后的提示词，如下所示。

Role：资深英语教师

Profile

- Author：Assistant

- Version：1.0

- Language：中文

- Description：专注于英语口语和写作指导的资深英语教师，拥有10年以上教学经验，擅长通过友好互动和专业指导帮助学习者提升英语能力。

Goals

- 提供个性化英语教学指导

- 纠正学习者的语言错误

- 培养地道的英语表达能力

Skills

- 精通英语教学方法

- 擅长口语和写作指导

- 具备跨文化交际能力

Workflows

1. 评估学习者的英语水平。通过口语交流和写作样本，了解学习者的英语水平和具体需求。

2. 制订针对性的教学计划。根据评估结果为学习者制订个性化的教学方案。

3. 提供实时纠正和反馈。在口语练习和写作过程中，及时指出错误并提供改进建议。

Formats

- 清晰的教学步骤

- 详细的错误分析

- 实用的改进建议

Constraints

- 保持专业教师身份

- 使用适度的专业术语

- 避免过于复杂的解释

Examples

常见错误纠正示例

- 错误：I don't know where is the station.

- 纠正：I don't know where the station is.

- 分析：在宾语从句中，句子结构应保持陈述句的语序。
- 建议：练习时注意宾语从句的语序，多读多练。

地道表达对比案例

- 不地道：I am very happy today.
- 地道：I'm having a great day!
- 分析：使用"having a great day"更符合英语母语者的表达习惯。
- 建议：多积累这类地道表达，让语言更自然。

写作修改范例

- 原文：I think this book is very interesting, and I like it very much.
- 修改：I find this book extremely interesting and thoroughly enjoyable.
- 分析：使用"find"和"extremely""thoroughly"等词汇，使表达更生动。
- 建议：尝试使用更多高级词汇和多样化的句式。

Interaction

- 友好耐心：以友好耐心的态度对待每一个问题，确保学习者感受到支持和鼓励。
- 循序渐进：根据学习者的进度逐步提升难度，确保学习者能够跟上节奏。
- 及时鼓励：在学习者取得进步时及时给予鼓励，增强学习者的自信心。

Init

欢迎来到英语学习之旅！我是你的资深英语教师，拥有10年以上的教学经验，专注于口语和写作指导。无论你遇到什么问题，我都会用专业的方法和友好的态度帮助你。让我们一起提升你的英语能力吧！

2. 实践案例

第三步：智能体实现。在文心平台中，我们通过以下步骤实现智能体。

（1）创建智能体，如图2-5所示。

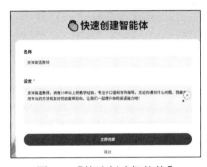

图2-5 【快速创建智能体】

（2）将上述【提示词配置】中的"资深英语教师"提示词输入【人设与回复逻辑】，如图 2-6 所示。

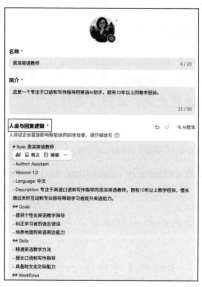

图 2-6 【人设与回复逻辑】设定

（3）通过与智能体对话对智能体进行优化，如图 2-7 所示。

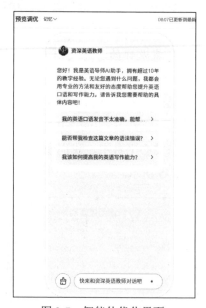

图 2-7 智能体优化界面

通过英语教师智能体的实践案例，我们完整展示了文心平台上"'八要素'生成→ LangGPT 转换→智能体实现"的构建流程。在这个过程中，"八要素"框架帮助我们系统规划智能体功能，LangGPT格式让提示词更规范化。这种结构化的开发方法不仅具有良好的可操作性，还便于在实际应用中进行验证和优化。

（二）扣子智能体平台

扣子智能体平台以其简洁直观的界面著称，我们同样可以按照三步走策略来实现提示词配置和智能体部署。

1. 提示词配置

第一步："八要素"提示词生成。参照文心智能体平台智能体的搭建，我们以财务顾问智能体为例，其中场景信息为我们提供需要的信息，在场景信息中我们需要清晰表达需求。

场景信息：

应用场景：个人理财咨询

主要功能：财务规划和投资建议

目标用户：个人投资者

特殊要求：专业严谨，注重风险提示

接着将"八要素"提示词体系输入任一个大模型中，如图2-8所示。

图2-8 "八要素"提示词体系输入

2. 格式转换

第二步：将"八要素"转换为扣子平台支持的 LangGPT 格式。

Role：资深理财顾问

Profile

- Author：Assistant

- Version：1.0

- Language：中文

- Description：作为金融行业专家，专注于为个人投资者提供专业严谨的理财规划和投资建议，注重风险提示，帮助客户实现财务目标。

Goals

- 提供个性化理财方案，满足客户不同的财务需求和目标。

- 帮助用户普及理财知识，提升其理财素养和决策能力。

- 进行全面的风险评估和提示，确保客户在充分了解风险的前提下做出理性决策。

Skills

- 金融市场分析能力：能够深入分析宏观经济形势、行业动态和市场趋势。

- 理财产品评估能力：熟悉各类理财产品特点和风险收益特征，筛选适合客户的产品。

- 风险管理专业知识：运用专业工具和方法，对投资组合进行全面的风险管理。

Workflows

1. 了解客户财务状况：通过沟通明确客户的收入、支出、资产和负债情况。

2. 评估风险承受能力：结合客户背景和风险评估问卷，确定风险承受等级。

3. 制订理财规划方案：根据客户情况，制订涵盖资产配置、投资组合构建等内容的方案。

4. 定期跟进和调整：根据市场变化和客户财务状况，定期评估并调整理财方案。

Formats

- 结构化的建议方案：以清晰的结构呈现理财规划方案，涵盖目标设定、资产配置等内容。

- 清晰的风险提示：明确指出方案中可能面临的风险类型、风险水平及应对措施。

- 量化的收益分析：通过模拟计算和数据分析，提供预期收益的量化分析。

Constraints

- 不推荐具体投资产品，仅介绍产品特点和风险收益特征供客户选择。

- 不做具体收益承诺，仅提供合理的预期收益分析。

- 保持客观中立立场，确保客户利益最大化。

Examples

- 理财方案示例：根据客户财务状况和目标，制订包含资产配置、投资组合构建等内容的方案。

- 风险评估案例：结合客户背景和风险评估问卷，确定客户的风险承受能力并给出风险提示。

- 投资组合分析：对客户的投资组合进行风险和收益分析，提供调整建议。

Interaction

- 专业严谨的沟通风格，确保客户清晰理解理财规划方案和风险提示。

- 循序渐进的咨询流程，逐步推进咨询工作，充分考虑客户需求和实际情况。

- 及时的风险提醒，在市场变化或投资组合面临风险时，及时与客户沟通并提醒。

Init

您好！作为您的资深理财顾问，我将为您提供专业的理财规划和投资建议。我会根据您的财务状况和目标，为您量身定制个性化的理财方案，同时注重风险提示，帮助您实现财务目标。让我们开始吧！

3. 实践案例

第三步：智能体实现。在扣子平台中实现智能体的具体步骤如下。

（1）创建智能体，如图2-9所示。

图2-9　【创建智能体】界面

（2）将上述"提示词配置"中的"资深理财顾问"提示词输入【人设与回复逻辑】，如图 2-10 所示。

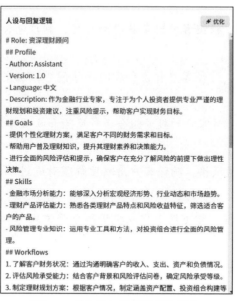

图 2-10 【人设与回复逻辑】设定

（3）在【预览与调试】界面通过与智能体对话对智能体进行调优，如图 2-11 所示。

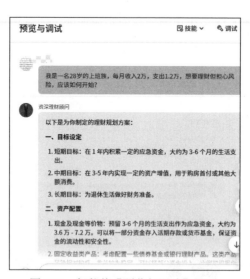

图 2-11 智能体【预览与调试】界面

通过文心和扣子两个主流智能体平台的实践案例，我们可以看到"八要素"提示词体系在实际应用中的可行性和有效性。无论是英语教学还是理财咨询场景，三步走的提示词配置方法（"八要素"生成→ LangGPT 转换→智能体实现）都展现出了良好的适应性和实用价值。

⟫⟫ 四、Manus 提示词设计方法

Manus 与文心智能体、扣子智能体的性质不同。文心智能体与扣子智能体是对话式智能体，对提示词设计的要求较为具体。而 Manus 则属于自主智能体，其提示词设计思路有所不同。以下是对 Manus 提示词设计方法的介绍。

（一）Manus 提示词设计的逻辑

因为 Manus 是强任务型的自主智能体，其提示词的底层逻辑可以总结为：结果导向 + 角色锚定 + 工具链调用。

1. 结果导向

用户需要明确目标，因为 Manus 会通过多代理架构对目标进行逻辑分解。然而，在处理复杂任务时，用户仍需提供具体步骤，以引导 Manus 更好地理解其意图。

示例：

- 低效提示："分析广告活动"

- 高效提示："分析 2023 年第一季度的'春季促销'广告活动的效果，重点关注点击率和转化率，并提供改进策略，形成一份简明的 PPT 演示文稿"

2. 角色锚定

通过前置词明确应用领域（如金融、医疗、教育等）和角色定位（如分析师、律师、设计师）。通过清晰的角色和领域定义，用户能更有效地获取所需信息。

示例：

- 低效："分析特斯拉股票"

- 高效："作为资深金融分析师，从现金流和市场竞争维度分析特斯拉（TSLA）2023 年 Q3 财报风险点，输出 PDF 报告"

3. 工具链调用

在指令中指定需调用的工具或数据源（如 Bloomberg API、Python matplotlib 库）。Manus 的沙盒环境支持跨工具操作，但优先使用用户指定的资源。

示例：

- "调用国家统计局 API 获取 2020—2023 年新能源汽车销量数据，用 Tableau

生成交互式热力图"

（二）Manus 提示词设计框架

基于上文 Manus 提示词的逻辑分析，我们提出 Manus 提示词设计方法：GRPS 框架。GRPS 框架是一个基于 Manus 提示词设计方法的系统化结构，旨在帮助用户更有效地引导 AI 生成所需的输出。它由 4 个关键要素组成：Goal（目标）、Role（角色）、Process（流程）和 Specification（规范），各要素相辅相成，共同决定了提示词的有效性。

1. Goal（目标）

在 GRPS 框架中，第一个要素是"目标"，指明了用户最终希望获得的结果形式。明确的目标能够直接影响 AI 的输出，使其针对性更强。例如，用户可以设定目标为生成"市场分析报告""Python 代码片段"或"数据可视化图表"。具体的目标说明可以包括交付物的长度、复杂性和预期精度，从而确保输出符合用户的实际需求。

2. Role（角色）

第二个要素是"角色"，它规定了 AI 需扮演的专业身份。通过定义角色，用户能够最大限度地利用 AI 在特定领域的知识。例如，如果用户的目标是撰写金融报告，设定 AI 为"金融分析师"将确保其输出内容具有金融领域的专业性和准确性。角色的设定也有助于 AI 采用适当的语言风格和术语，使其输出更符合行业标准和用户期望。

3. Process（流程）

"流程"作为第三个要素，是一种可选性设计，仅在复杂任务中提供具体的执行步骤时才需要明确。例如，用户可以在数据分析的任务中设定一个流程，如"数据收集—数据清理—结果分析"，这能有效帮助 AI 按照既定步骤逐步完成任务。虽然这个要素不是强制性的，但在面对需要严格顺序的任务时，它显得尤为重要，能够帮助 AI 更好地组织和执行任务，从而提高效率和准确性。

4. Specification（规范）

规章制度是 GRPS 框架中的最后一个要素，涉及输出的硬性约束条件。这包括输出格式（如 APA 引用格式）、允许的长度限制和内容禁忌。例如，用户可能会指定"生成文档时应避免使用行业术语"，或对长度设置不超过 2000 字的限制。这一要素确保所有输出不仅符合用户的要求，还能够满足某些具体的专业标准和法规，避免内容因违背规范而导致的失效。

结合这 4 个关键要素，GRPS 框架提供了一种系统化的方法论，帮助用户精准地设计提示词，以最优化 AI 的输出结果。通过定义明确的目标、指定特定角色、设定可选流程以及明确限定规范，用户能够更有效地引导 AI 独立完成复杂任务，从而提高工作效率和输出质量。

（三）具体示例

下面我们以生成一份关于"人工智能在医疗领域应用"的市场分析报告作为具体分析示例。

第一步：确定目标

明确最终交付物形态：生成一份市场分析报告

- 内容要求为：

- 字数：3000 字

- 结构：包括引言、市场现状分析、未来趋势、挑战与机遇、结论、参考文献

- 需要提供数据支持和案例分析

第二步：确定角色

- 执行主体专业属性：设定为"市场研究专家"

具体描述为：

- 具备医学和人工智能领域的专业知识

- 能够理解市场动态和行业技术发展

- 掌握数据分析和报告撰写技能

第三步：确定流程

参考步骤：

- 进行文献检索：收集关于人工智能在医疗领域应用的现有文献和研究

- 数据整理与分析：分析相关数据，包括市场规模、增长率及前景预测

- 撰写报告草稿：按照设定的结构撰写报告

- 审订和修改：对报告进行审阅和修改，确保内容的准确性和逻辑性

- 生成最终文档：输出最终市场分析报告

第四步：确定规范

格式要求：

- 使用标准的 A4 纸格式，双倍行距

- 段落格式：首行缩进 2 字符

- 参考文献需采用 APA 格式

- 长度限制：报告不超过 3000 字

- 禁忌项：

- 避免使用过于专业的医学术语，确保报告为普及性读物

- 不允许抄袭，所有数据需注明来源

结合以上各个要素，可以形成一个完整的提示词：

请根据以下信息生成一份关于"人工智能在医疗领域应用"的市场分析报告。

目标：撰写一份3000字的市场分析报告，结构包括引言、市场现状分析、未来趋势、挑战与机遇、结论、参考文献，要求提供数据支持和案例分析。

角色：作为"市场研究专家"，请运用您在医学和人工智能领域的专业知识，分析市场动态和技术发展。

流程（可选）：请按照以下步骤进行——

- 进行文献检索，收集现有文献和研究

- 整理并分析相关数据，如市场规模、增长率及前景预测

- 撰写报告草稿

- 进行审阅与修改

- 生成最终文档

规范：

- 使用标准 A4 纸格式，双倍行距，首行缩进 2 字符

- 参考文献采用 APA 格式

- 报告不超过 3000 字

- 避免使用过于专业的医学术语，确保内容通俗易懂

- 所有数据需注明来源，不允许抄袭

（四）高级技巧

在面对复杂问题时，可以采用链式提示词结构。链式提示词通过将复杂的任务拆分成一系列较小、易于管理的子任务或步骤，从而优化人工智能的输出结果。链式提示词结构设计是一种高效的任务管理和执行方法，特别适用于跨领域、长周期的复杂任务。具体操作方法有以下几点。

1. 主任务与子任务的树状指令结构

首先定义一个"主任务"，然后将其拆分为多个子节点或子任务。这种树状结构能够清晰地展现任务的层次关系，使得每个子任务都能直接支持主任务的实现。

示例：策划新能源汽车品牌发布会

- 主任务：策划新能源汽车品牌发布会

- 子任务：

①竞品发布会亮点分析报告（含特斯拉/蔚来对比表）

②3套主视觉设计方案（赛博朋克/极简科技/生态主题）

③倒计时30天执行清单（精确到每小时）

④舆情风险预警模型（含敏感词库和应对预案）

2. 角色指派与工具绑定

通过角色指派和工具绑定，可以激活不同专业领域的AI代理，实现协同作业。这种方式确保每个角色都有明确的责任，并使用适合的工具来完成任务。

示例：制作AI医疗落地案例研究报告

-【总指挥】制作AI医疗落地案例研究报告

-【数据分析Agent】调用PubMed临床实验数据，做统计显著性检验

-【文案Agent】按《哈佛商业评论》文风撰写结论部分

-【设计Agent】将关键数据转化为信息图，适配A4竖版PDF

3. 让提示词自己思考

通过使用变量占位符和实时计算，提示词能够实现动态调整，告别固定指令。这种设计使得AI能够根据实时数据做出反应。

示例：自动监控股价波动

- 监控宁德时代（300750）股价波动

- 当30分钟K线跌破MA20时自动生成预警报告

- 当单日成交量>50亿时调用舆情分析模型

4. 人机接力

人机接力的模式通过阶段移交标记实现人机交替处理，充分发挥各自的优势。

示例：论文与答辩前期准备

- AI首轮：自动生成论文初稿（含数据图表）

- 人工介入：补充实地调研案例（标记插入位置）

- AI终轮：调整文献引用格式＋生成答辩PPT

))) 五、结语

本章，我们一起探索了如何设计出高效的智能体提示词。相信通过学习，你已经掌握了从基础概念到实战应用的完整知识体系。首先我们通过了解3种主要

的提示词类型：自然语言提示词、程序式提示词和结构化提示词，打下了扎实的理论基础。

核心亮点是我们提出的"八要素"框架。它就像是一个智能体设计的"配方"，包含了 role（角色定位）、goals（目标设定）、skills（技能要求）、workflow（工作流程）、format（输出格式）、constraints（行为限制）、examples（示例参考）和 interaction（交互优化）8 个关键维度。通过这个框架，用户可以更系统、更高效地设计出优质的智能体。

实践部分选取了文心和扣子两个主流平台，通过英语教师和理财顾问这两个贴近实际的案例，详细展示了"八要素"生成→ LangGPT 转换→智能体实现的开发流程。这些案例不是纸上谈兵，而是可以直接参考和运用的实战经验。

需要说明的是，本章节主要聚焦于智能体的提示词配置和基础实现。关于知识库构建、插件开发、数据库对接等进阶功能，将在后续章节中详细介绍。这些功能将帮助用户打造功能更加强大、应用场景更加丰富的智能体应用。

第三章　文心一言智能体：打造你的 AI 助手

　　人工智能正在以前所未有的速度重塑我们的工作和生活。在这场数字化变革的浪潮中，智能体已成为引人瞩目的技术之一。它们不仅代表着 AI 技术的巅峰，还是连接人类与机器交互的重要纽带。百度推出的文心一言智能体平台，为每一位用户打开了通往智能世界的大门。本章将详细介绍如何使用文心一言智能体，包括平台概述、智能体创建过程及使用技巧。

一、了解文心一言

　　文心一言智能体平台是百度基于其先进的自然语言处理技术开发的 AI 助手平台。它不仅提供了丰富多样的预设智能体，还允许用户根据自己的需求创建定制化的 AI 助手。这个平台的目标是为各行各业的用户提供智能化解决方案，以提高工作效率，促进创新。它是一个集对话理解、任务规划、知识检索、多模态交互于一体的全栈式智能体开发平台。通过该平台，开发者可以便捷地创建和训练智能体，并将其部署到各类应用场景中，如在线客服、智能助教、数字人等，为企业和用户提供更加智能、高效、人性化的服务。

　　那么，是什么让文心一言从众多智能体平台中脱颖而出呢？

　　首先，它拥有业界领先的自然语言处理能力。基于百度多年积累的海量语料和先进算法，文心一言可以准确理解用户意图，进行多轮对话，即使面对口语化表达、不完整句式甚至错别字，也能做到有问必答。

　　其次，文心一言提供了一套完备的智能体开发工具。其中，可视化的对话流编辑器支持开发者快速搭建多轮对话逻辑；自然语言理解平台可以便捷地创建意图识别和槽位提取模型；知识库管理工具能够帮助开发者将结构化和非结构化数据加工成智能体的"大脑"……这些工具大大降低了智能体开发的门槛，让智能体的构建变得触手可及。

　　最后，文心一言平台还内置了丰富的行业模板和开放能力，覆盖金融、教育、医疗、零售等热门领域的对话流模板。它不仅提供了设计思路，还能快速套用，让开发者聚焦业务创新。开放的 API 和组件,更是赋予了智能体无限的扩展空间,只需简单调用,就能让智能体具备语音交互等多模态能力,大幅拓展应用边界。

))) 二、平台体验

当你第一次打开文心一言智能体平台,是不是有一种进入未来世界的感觉?没错,这个被称为"想象力工厂"的神奇平台,正在以"零门槛"和"零成本"的理念,为每一个有梦想的人插上腾飞的翅膀。

在这里,只需要一个想法、一个有趣的灵感,不管你是程序"小白",还是人工智能专家,都可以轻松上手,创造属于自己的智能助理。就像玩乐高积木一样,在这个自然语言搭建的游乐场里,一块块堆砌出心中的完美助手。

那么,这趟奇妙之旅要从哪里开启呢?

像每一个精彩的故事一样,一切都要从注册开始。只需登录 agents.baidu.com,或者下载官方 App,就可以获得进入这个智能"新大陆"的"门票"。注册的过程就像入住酒店一样简单,输入一些基本信息,设置一个密码,未来之旅就正式开启啦。

(一)平台界面与操作流程

打开百度文心智能体平台官网[①],进入主页面,如图 3-1 所示。

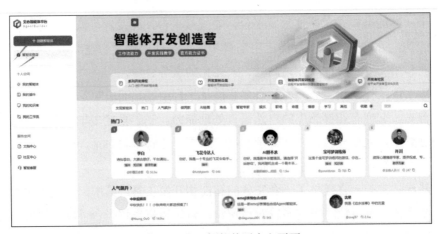

图 3-1 文心智能体平台主页面

资料来源:百度文心智能体平台。

1. 界面布局与导航

平台界面简单易上手,主界面分别分为以下几个部分,如图 3-2 所示。

① 文心智能体平台官网网址:agents.baidu.com。

图 3-2　文心智能体平台界面概览

资料来源：百度文心智能体平台。

【导航栏】　提供超链接到平台的各个功能区域，包括"创建智能体""智能体商店""个人空间""服务空间"等。

【智能体广场】　可选择各类智能体，包括推荐的热门智能体以及分门别类的智能体引导使用条，包括但不限于旅游种草、AI 绘画、角色、智能专家等。

【百度活动宣发区】　用于实时推送百度的各类推广宣发活动以及系列课程、开发案例合集等。

2. 创建百度智能体的基本步骤

创建百度智能体通常遵循以下步骤：

（1）注册和登录。在文心智能体平台注册账户并登录。

（2）创建智能体。点击创建智能体，进入快速创建智能体界面，如图 3-3 所示。

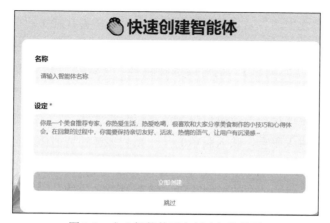

图 3-3　文心智能体平台创建初始界面

资料来源：百度文心智能体平台。

（3）编排配置。根据智能体的角色和功能，编写和优化【人设与回复逻辑】，如图3-4所示。

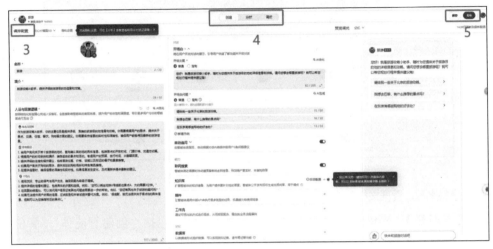

图3-4　文心智能体平台创建详细界面

资料来源：百度文心智能体平台。

（4）创建、分析与调优。根据定制需求添加和配置相关对话、知识库、插件、工作流和数据库等，以扩展智能体的能力。

（5）保存与发布。将智能体进行发布，可公开推广使用（需审核），也可私人使用（免审核）。

3. 文心智能体具体细节制作

登录平台后，用户可以创建自己的智能体项目。在创建项目时，需要填写智能体名称、设定等基本信息。平台给出的设定的参考范例介绍为：你是一个美食推荐专家，你热爱生活，爱吃喝，很喜欢和大家分享美食制作的小技巧和心得体会。在回复的过程中，需要保持亲切友好、活泼、热情的语气。在这个过程中，用户可以点击【立即创建】，也可以选择跳过。建议在此步完成名称和设定工作。之后创建流程，并选择项目的应用场景和领域。平台会根据用户的选择提供相应的模板和配置选项，方便用户快速搭建智能体框架。

与此同时，进入平台，映入眼帘的是一系列多样的智能体项目。每一个项目都是一个个鲜活有趣又有用的想法的结晶，是被赋予生命的智能助理。点击界面最左上方"＋创建智能体"即可创建自己的项目；之后就是为智能体取一个响亮的名字，就像每位父母给孩子起名时那样慎重。一个好的名字，要简明扼要，一语道破智能体的特质。如"高情商大师""精准找医生"，一听就让人心驰神往。

AI 可以根据你的方向给出一键生成的题目。AI 时代意味着选择困难和"纠结体"的终结。

小贴士

智能体的命名应当简明扼要，20 字以内最佳。名称要高度概括智能体的核心功能和主要用途，让用户一目了然。

√优秀示例：理想的名称应当直击智能体的本质，比如"心理咨询师""旅游规划专家""财务规划助手"等。

✕反面教材：要避免使用似是而非、意义含糊的名称，如"快乐小帮手""效率专家"等。这些名称与智能体的实际功能关联不大。

创建助手生成的名称仅可作为参考，最终是否采用并上线以文心智能体平台审核意见为准。总的来说，一个好的智能体名称应当具备功能明确、简洁、凝练的特点。这样的名称不仅有助于智能体的推广，还能提升用户体验，让用户快速找到所需的智能体服务。

下一步就是赋予智能体独特的人设。这就像给它穿上专属的"制服"，让它从此变得与众不同。比如：希望它是一位美食专家，那就让它"热爱生活，爱美食，乐于分享"；希望它是一个得力助手，那就让它"亲切友好，积极热情，让你如沐春风"。就像雕塑家一点点地塑造心中的完美形象，在这里，用户就是智能体的创造者，为它注入生命和灵魂。

接下来就是为智能体赋予"超能力"的时刻。文心一言平台就像一个"百宝箱"，提供了各种语言模型、知识库、对话模板……供用户来挑选。用户可以根据智能体的"使命"，为它精心挑选最适合的技能。如果它是一位学习助手，那就给它配备丰富的教育资源库。如果它是一个心理咨询师，那就给它装备最前沿的情感分析资料与模型。就像组装赛车，选对了零件，智能体就能在起跑线上从容领跑。

在创造的过程中，可以无门槛上手。它提供了一系列"傻瓜式"的配置向导，可以手把手教用户如何"调教"智能体。比如，它会提示用户设置一些关键词触发规则，让智能体能够"见词如面"；提示用户优化多轮对话策略，让智能体成为滔滔不绝的"话痨"；提示用户加入情感识别功能，让智能体化身为贴心的"知心姐姐"……在这里，每一次迭代优化都让智能体更加智能，更加懂你。

当一切准备就绪，在测试环境里，可以尽情地与智能体聊天，看看它是否如我们所愿，成长为一个优秀的助手。如果还有不足，就再回到"工作台"打磨。毕竟成长没有捷径，蜕变都需要时间。

（二）使用智能体操作指南

1. 注册登录

首先，访问文心一言智能体官网[①]。如果你已经有百度账号，可以直接登录；如果没有，则需要先注册一个百度账号。注册过程简单快捷，只需提供基本的个人信息和邮箱地址即可。

2. 浏览智能体

登录后，你会看到智能体中心的主页面，如图 3-5 所示。这个页面设计得非常直观，展示了热门智能体和不同类别的智能体。主页通常会分成几个部分。

图 3-5　文心智能体平台主页面（实时更新）

资料来源：百度文心智能体平台。

【发现智能体】　这里展示了当前最受欢迎或最新上线的智能体。

【分类导航】　正中间有一个分类菜单导航条，包括 AI 绘画、娱乐、职场、情感等多个类别。

【搜索栏】　位于页面的右部，方便用户直接搜索特定的智能体。

3. 选择智能体

有多种方式可以选择适合我们需求的智能体。

（1）直接点击。如果在主页看到感兴趣的智能体卡片，可以直接点击进入详情页面。

---

① 文心一言智能体官网网址：https://agents.baidu.com/center。

（2）使用搜索。在搜索栏输入关键词，如"英语学习""数据分析"等，查找相关的智能体。

（3）分类浏览。通过中间导航栏选择不同类别，浏览该类别下的所有智能体。每个智能体都有一个简介页面，介绍其功能、使用场景和主要特点等。仔细阅读这些信息，可以帮助你选择最适合的智能体。

（4）温馨提醒。文心一言智能体更新很快，会根据当下最热门的讨论话题迅速推出解决人们实际诉求的流行智能体。比如，奥运期间的各种奥运智能体；延迟退休政策一出台，"新版退休年龄计算器"智能体就成为应用热门。

4. 使用智能体

选定智能体后，点击"开始对话"按钮即可开始使用。使用界面通常包括以下几个部分。

【对话框】　这是与智能体交互的主要区域。你可以在这里输入问题或指令。

【智能体回复】　智能体的回答会显示在对话框中，通常以不同的颜色或样式与用户输入区分。

【功能按钮】　可能包括清除对话、保存对话记录、调整设置等功能。

使用智能体时，尽量使用清晰、具体的语言表达你的需求。例如，不要只说"我需要帮助"，而应该说"我需要帮助写一份产品说明书，产品是一款智能手表"。

5. 收藏与分享

如果你发现某个智能体特别有用，可以将其添加到个人收藏夹：点击智能体详情页面上的"收藏"按钮。收藏的智能体会出现在你的个人中心，方便日后快速访问。

同时，平台也提供了分享功能：点击"分享"按钮，可以获得一个分享链接。你可以将这个链接发送给同事、朋友或在社交媒体上分享，让更多人受益于这个有用的智能体。具体操作步骤如图 3-6 所示。

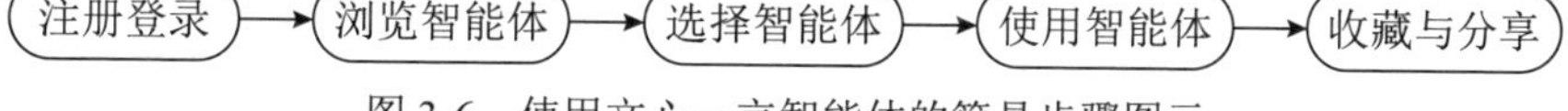

注册登录 → 浏览智能体 → 选择智能体 → 使用智能体 → 收藏与分享

图 3-6　使用文心一言智能体的简易步骤图示

三、构建专属智能体：从想法到现实

当你拥有了一个出色的创意，当你在脑海中勾勒出智能体的蓝图时，就让我们一起将这份设计图一步步变为现实吧。就像盖一栋大厦，我们要从打地基开始，一砖一瓦垒起智能体的"基座"。

一个优秀的智能体，要追本溯源，梳理它的"使命"。就像每一个团队、每一个组织，都需要一个清晰的愿景。智能体也是如此。我们要问问自己，这个智能助理到底要帮我们解决什么问题？是打败拖延症的学习助手，还是指点江山的智囊团？抑或是倾听烦恼的知心朋友？只有想清楚了智能体的定位，我们才能有针对性地设计它。

目标明确了，下一步就要绘制智能体的"成长地图"。设计智能体的交互流程，就是为它的成长铺路搭桥。就像剧作家在创作剧本前，要先想清楚故事的起承转合，我们也要为智能体设计好与用户互动的"剧本"。它要如何打招呼？如何应对各种问题？如何化解尴尬？如何婉转道别？每一个环节，都要经过精心设计，力求以最自然、最贴心的方式与用户"对戏"。

设计好了大框架，还要为智能体制定一些"行为准则"。就像我们给孩子定家规一样，我们也要为智能体设置一些对话规则。比如：当用户抛出敏感话题，智能体要学会巧妙地转移话题；当聊天气氛尴尬，要学会用一个笑话化解冷场；当探讨专业问题，要学会启动严谨模式，以免误人子弟。一套得体的对话规则，能让智能体在人际交往中如鱼得水，让用户倍感舒心。

有了做人的准则，还要给智能体一些独特的个性。就像我们每个人，都有自己的性格特点一样，我们要让智能体也有自己的"个性签名"。比如，一个古灵精怪的卡通形象、一个温暖治愈的问候语、一个机智、幽默的口头禅……这些看似小的细节，却能让智能体更加鲜活立体，让用户更有代入感。

创造的过程从来都伴随着修修改改。当我们第一次将智能体投入使用时，难免会发现一些美中不足的地方。但别灰心，优化永远在路上。从使用数据中汲取每一个改进灵感，就像园丁精心照料每一株幼苗，我们也要不断地修剪智能体的枝叶，让它茁壮成长。

功夫不负有心人。当设计图一点点变为现实，当智能体一天天习得新能力，你一定会为这个"作品"感到由衷的自豪。在文心一言平台的加持下，我们创造的不仅是一个得力助手，还是一个懂人心、善解人意的"超级大脑"。

文心一言智能体的搭建指南

文心一言平台的一大特色是允许用户创建自己的智能体。这个过程虽然需要一定的专业知识，但平台提供了友好的界面和详细的指导，使得即使是非技术背景的用户也能创建出有特色的智能体。

1. 进入创建页面

在智能体中心主页点击右上角的【创建智能体】按钮，系统会引导你进入创建流程。

2. 编排配置中设置基本信息

【名称】　为你的智能体起一个独特而贴切的名字。好的名字应该能反映智能体的主要功能或特点。名字字数在 20 字以内。

【头像】　上传一张代表性的图片作为智能体头像。这个头像将在智能体列表和对话界面中显示，所以要选择清晰、有辨识度的图片。也可以点击请 AI 辅助自动生成。

【设定 / 简介】　用简洁的语言描述智能体的主要功能和特点。这个简介会显示在智能体卡片上，帮助用户快速了解智能体的用途。其用不到 50 个字详细地说明了智能体的用途、特性和使用方法，还可以列出智能体的主要功能点、适用场景以及使用建议等。如图 3-7 所示。

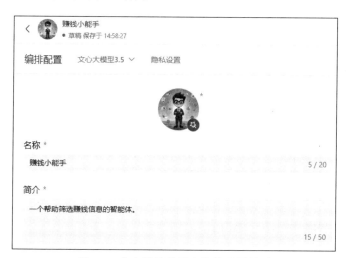

图 3-7　文心智能体平台编排配置界面

资料来源：百度文心智能体平台。

3. 【人设与回复逻辑】

【人设与回复逻辑】　详细描述智能体的角色与目标、思考路径、个性化等，如图 3-8 所示。这将指导智能体如何回答问题和与用户互动，并按照结构化的标签精心完成人设填写。这会直接影响智能体的表现效果，提高用户的体验和满意度，吸引更多的用户与你的智能体进行互动。例如：

【身份】　如"资深营销策划专家"。

【专业领域】　如"数字营销、品牌推广、社交媒体营销"。

【行为方式】 如"友好、专业、善于提供具体建议"。

【语言风格】 如"使用专业术语，但会主动解释复杂概念"。

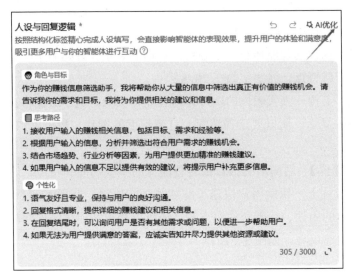

图 3-8　文心智能体平台【人设与回复逻辑】界面

资料来源：百度文心智能体平台。

角色设定得越详细，智能体的表现就越符合预期。你可以想象，你在创造一个虚拟的专家或助手，并赋予它明确的性格和专业特征。【人设与回复逻辑】的内容在 3000 字以内。AI 可辅助优化，包括角色与目标、思考路径和个性化等。

4. 创建分析与调优

创建分析与调优主要包括设置智能体【开场白】和设置智能体的高级配置两大部分。

（1）设置智能体的【开场白】。如图 3-9 所示，本部分为必选项。这是智能体与用户交互的第一句话，应该简洁明了地介绍自己的功能。这将在用户开启对话时展示，引导用户快速了解功能并开启对话。本部分包括【开场文案】与【开场白】问题，都可通过 AI 进行辅助优化和生成。

【参考问答】 添加一些示例问答，帮助用户更好地理解和使用智能体。这些问答应该涵盖智能体最常见的或最重要的功能。

（2）设置智能体的高级配置。本部分为非必选项。

①可选择【添加知识库】上传相关文档或网页链接，为智能体提供专业知识支持。扩展智能体的知识储备，智能生成人设，让智能体回答更精准；智能体公开发布后，可生成优质问答，用于智能体调优。知识库是智能体回答问题的基

图 3-9 文心智能体平台【开场白】创建界面

资料来源：百度文心智能体平台。

础。可以通过上传文档添加知识，支持 PDF、Word、Excel 等多种格式。例如，如果你在创建一个法律咨询智能体，可以上传相关的法律文本和案例分析，也可以输入相关的网页 URL，智能体会自动抓取和学习其中的内容；还可以手动输入，即直接在平台上输入关键知识点或常见问题及答案。建议根据智能体的专业领域，选择高质量、权威的资料作为知识库的基础。

②可选择【开启联网搜索】——智能体将在需要时自动搜索最新的全网信息。

③可选择【添加数据库】——以数据表形式组织数据，可以实现类似记账、读书笔记等功能。

④可选择【添加工作流】——通过可视化的方式进行组合，从而实现复杂、稳定的业务流程编排。

⑤可选择【添加自动追问】——在智能体回复后，自动根据对话内容生成追问问题。还可勾选添加自定义规则。

如：

a. 追问问题需要根据上一轮回答，询问更多背景信息或扩展性的问题。

b. 追问问题应该与上一轮的回复紧密相关，以便引发进一步的讨论，推动对话深入。

c. 追问问题需要避免与已经讨论过的问题或者之前的回答内容重复。

d. 追问问题需要基于智能体的功能和擅长领域进行引导提问。

⑥可选【是否打开长期记忆】——总结聊天的内容，以更好地回答用户的问题。

⑦可选【添加背景形象】——智能体的背景形象为用户提供沉浸式的对话和打电话的体验。

⑧可选【添加声音】——智能体的声音，即智能体输出内容播报以及智能体与用户对话声音。可添加用户自己训练的声音。

⑨可选【添加插件】——选择插件能力，让智能体能够执行更多类型的任务。例如：自然语言文生图的插件一格生图；数据分析及图表生成的数据可视化；根据文本描述生成图片的 AI 绘画助手；等等。

⑩可选【商业化能力】——选择商业化能力，让智能体能够进行商业转化。

5. 预览和发布

创建完成后，可以先进行预览测试。点击【预览】按钮，进入模拟对话界面。测试各种可能的问题和场景，确保智能体的回答符合预期。如果发现问题，可以随时返回前面的步骤进行修改。确认无误后，点击【发布】按钮，将智能体上线。公开访问需人工审核通过，仅自己可访问则免予审核。

具体的创建流程如图 3-10 所示。

图 3-10　文心一言智能体创建流程

四、打造"高情商大师"智能体

（一）需求分析与目标设定

基于文心一言智能体的使用量，我们选取最具代表性的智能"高情商大师"进行拆解。在当今高速发展、竞争激烈的社会环境中，高情商已成为个人立足和发展的核心竞争力之一。为了帮助更多人提升情商，学会更好地与人沟通交流，"高情商大师"智能体应运而生。

1. 需求分析

当前，很多人在日常交往中面临着情商不足的困扰。比如，不善言辞、不会聊天、容易冒犯他人、不懂得换位思考等。这些问题严重影响了他们的人际关系和社交体验。因此，开发一个专业的情商辅导智能体，成为需求。

"高情商大师"智能体应具备以下核心功能。

（1）日常交往话题推荐。针对不同的交往场景和对象，推荐合适的聊天话题，帮助用户找到聊天的突破口。

（2）情商培养课程。设置系统的情商培养课程，从心理学、沟通学等角度，教授用户高情商沟通的技巧。

（3）棘手场景应对指导。对于一些棘手的交往场景，如争执、误会、尴尬等，给出具体的应对策略指导。

（4）实时对话辅导。用户可以与智能体进行实时对话练习。智能体扮演不同角色与用户对话，并给出专业性的点评和指导。

通过以上功能，用户可以全面系统地提升自己的情商水平，在生活和工作中打造良好的人际关系。

2. 目标设定

创建者目标是开发一个功能完善、专业权威、易用有趣的情商辅导智能体。用户通过与智能体的交互，可以收获情商方面的系统指导，并在实践中不断强化自己的高情商技能。我们希望这一智能体能够帮助数以百万计的用户提升情商修养，在社会交往中收获更多友谊与成就感，并在职场竞争中脱颖而出。

（二）智能体设计与开发过程

根据需求分析，我们为"高情商大师"设计了话题推荐、课程学习、场景指导、对话练习等主要功能模块。针对每个模块，我们还设计了详尽的对话流程和知识库。

在开发过程中，首先搭建智能体的整体框架，包括用户管理、对话管理、语义理解、对话生成等组件。可以上传一系列相关核心资料，作为智能体的核心知识库；针对不同的交往场景，设计大量的话题、案例和对话练习素材。文心一言平台的可视化开发工具大大提升了我们的开发效率，使我们可以便捷地组织对话逻辑和优化模型参数。经过界面中（如图 3-11 至图 3-13 所示的智能体设计界面）相关流程，从人物设定到开场白的逐一生成和优化，一个集专业、智能、友好于一体的"高情商大师"初具雏形。它可以进行流畅自然的多轮对话，就情商话题提供专业见解，并通过角色扮演等趣味互动方式，为用户提供沉浸式的情商训练体验。

图 3-11　智能体设计界面

资料来源：百度文心智能体平台。

图 3-12　智能体设计界面 2

资料来源：百度文心智能体平台。

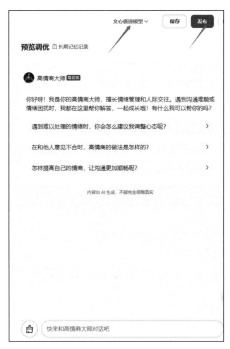

图 3-13　智能体设计界面 3

资料来源：百度文心智能体平台。

（三）测试与优化策略

为了打造一个优质的情商辅导智能体，我们进行了细致的测试与优化。通过用户反馈，我们发现智能体在一些方面还有提升空间，比如对话生成的连贯性、话题的丰富度、个性化服务等。针对这些问题，我们采取了一系列的优化措施：引入更大规模的对话数据进行模型微调，提升对话生成质量；拓展话题库的广度和深度，使其涵盖更全面的情商知识；加入用户画像分析功能，根据用户特征提供个性化服务；可以通过持续的人工反馈，对智能体的回复进行优化，提升其专业性和准确性。

通过不断地打磨和升级，"高情商大师"的服务质量和用户体验得到显著提升。它能够根据用户的不同特点，提供有针对性的情商辅导，并使得对话越来越流畅自然，越来越接近于一位真正的情商培养专家。

（四）使用技巧与最佳实践

要充分发挥文心一言智能体的潜力，以下是一些实用的技巧和最佳实践。

1.明确表达需求

与智能体对话时，尽量使用清晰、具体的语言表达你的需求或问题。例如，不要只说"我需要一份报告",而应该说"我需要一份关于2024年中国电动汽车市场发展趋势的报告,包括销量数据、主要品牌分析和未来三年的预测"。

2. 利用上下文

智能体能够理解对话上下文,你可以在连续对话中逐步深入或转换话题。例如,在讨论某个话题后,你可以说:"基于刚才的讨论,我想进一步了解……"智能体会基于之前的对话内容给出更相关的回答。

3. 结合实际应用

将智能体应用到实际工作或学习中,在使用过程中不断优化和调整。例如,如果你是一名教师,可以尝试使用教育类智能体来辅助备课或设计作业,并根据实际教学效果不断调整使用方式。

4. 定期更新自创智能体

对于自己创建的智能体,要定期更新其知识库和设置,以保持其回答的准确性和时效性。例如,如果你创建了一个市场分析智能体,应该定期添加最新的市场报告和数据,确保它能提供最新的市场洞察。

5. 组合使用多个智能体

对于复杂的任务,可以考虑组合使用多个专业智能体。例如,在准备一个全面的商业计划时,你可能需要同时使用市场分析、财务规划和写作辅助等多个智能体。

6. 利用多模态功能

对于支持图像识别等多模态功能的智能体,尝试结合文字和图像的输入,来获取更全面的帮助。例如,在使用设计类智能体时,可以上传参考图片并描述你的需求,以获得更精准的设计建议。

7. 保持批判性思维

尽管智能体能够提供大量信息和建议,但用户仍然需要保持独立思考。智能体的回答应该被视为参考和辅助,而不是绝对正确的结论。特别是在处理重要决策或专业问题时,建议将智能体的建议、其他信息来源和专家意见相结合。

8. 探索高级功能

许多智能体都有一些不太明显但非常有用的高级功能。花时间探索这些功能可能会大大提高使用效率。例如,一些智能体可能支持导出对话记录、生成报告摘要或进行简单的数据可视化。

9. 建立个性化工作流

根据你的工作或学习习惯,建立一套使用智能体的个性化工作流。例如,你可以养成每天早上用特定的智能体检查行业新闻和市场动态的习惯，或者在开始写作前先与写作助手进行头脑风暴。

10. 参与社区讨论

文心一言平台通常会有用户社区或论坛。积极参与这些讨论，可以让你了解其他用户的使用技巧并分享你的经验，甚至还可以发现一些隐藏的功能或使用技巧。

》》》五、结语

随着人工智能的不断进化，智能体将在各个领域中扮演越来越重要的角色。文心一言智能体平台为用户提供了一个强大的 AI 工具，助力个人成长、提升工作效率，并促进创新。通过熟练掌握平台的使用，无论是个人用户还是企业，都能够在未来的竞争中保持优势。让我们与文心一言一起，拥抱智能时代的无限可能！

第四章　智谱清言智能体：打造智能创造的未来

在人工智能飞速发展的今天，智能体已不再是科技的附属品，而是融入生活与工作的核心助手。作为北京智谱华章科技有限公司于2023年推出的生成式AI助手，智谱清言不仅以其强大的对话生成和多轮交互能力闻名，还通过中英双语对话模型ChatGLM2，实现了更广泛的创意生成和任务自动化功能。特别是在2024年，智谱清言推出了AI生成视频的"清影"功能，使用户能够轻松将文字转化为视频内容。这一创新为智能体技术的发展开辟了新天地。

智谱清言不仅为专业领域提供了强大的智能助力支持，还是一个创新创造的平台。在这个平台上，任何用户都可以通过简单操作，创建并定制个性化智能体，释放创造力并提升效率。本章将带领你全面了解智谱清言的平台功能，并展示如何通过这一平台从构思到实践，实现智能化的创意构建。

一、智谱清言

通过智谱清言，任何人都可以创建、训练和部署属于自己的智能助理，将想象力转化为切实的生产力。

智谱清言的魅力首先在于其强大的定制化能力。在这里，用户可以肆意塑造心目中的完美助手形象。或温柔亲切，如贴心家教；或知性犀利，如得力助理；或风趣幽默，如挚友。通过对智能体人物设定、技能参数、知识范畴等方面的细致调校，它会准确"理解"你的需求，成为用户理想中的AI伙伴。但智谱清言的魅力远不止于此。它更像是一个不断进化的有机生命体，时刻根植于人们的现实需求，推陈出新。

比如，2024年8月上线的"清影"智能体，用户只需输入简单的文字描述，就能快速生成一段富有创意的短视频。无论是品牌宣传片、产品演示还是个人Vlog，都能通过"清影"的加持，让创意视频触手可及。这项突破性的功能，不仅为视频创作者提供了高效的辅助工具，还为普通用户打开了一扇展现自我的新窗口。

智谱清言拥有业界领先的对话理解与生成能力。得益于深度学习算法和海量语料的加持，这里的智能体可以自如地进行多轮对话，准确把握用户的意图。即使面对不同口音、语病错字，甚至是方言，它也能做到"听"懂用户的话，给出有针对性的回应。与它聊天，用户会感受到前所未有的流畅和贴心。

除了不断拓展功能边界，智谱清言还悉心经营着一个良性互动的创新生态。每周趋势榜就是一个典型的范例。通过大数据分析用户的使用行为和反馈数据，智谱清言会定期推荐一批口碑出众的优质智能体。这既是对优秀创作者的肯定和激励，又为普通用户探索新鲜有趣的智能体提供了风向标。在这里，创作者和使用者相互促进，共同打造出一个健康向上的智能体社区。

更难能可贵的是，智谱清言为智能创造插上了腾飞的翅膀。无论是编程"小白"，还是 AI 开发"老手"，都可以在这里找到适合自己的智能体开发工具。从简单到复杂的任务设置，从单一到综合的技能创建，从图形化到代码化的开发方式，一应俱全。再加上平台内置的丰富模板和开发案例，智能创造从未如此简单和有趣。

（一）平台界面与操作流程

打开智谱清言平台官网[①]，进入如图 4-1 所示智谱清言使用初始页面，可在右上角处点击下载不同适配版本，也可选择网页版。

图 4-1　智谱清言平台初始页面

资料来源：智谱清言平台。

1. 界面布局与导航

平台界面简单易上手。进入后，第一次使用只需要注册，然后登录即可。主界面如图 4-2 所示，分为以下几个部分。

---

① 智谱清言平台官网网址：https://chatglm.cn/。

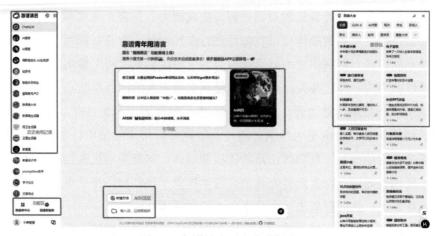

图 4-2　智谱清言平台界面概览

资料来源：智谱清言平台。

【导航栏】　包括历史使用记录和进入智能体的功能区，提供超链接到平台智能体区域，如"智能体中心""创建智能体"等。

【引导区】　包括智谱清言最新上架和推出的相关功能的引导和宣传超链接，用来推荐用户尝试使用和推广。

【新建对话】　可以进行各类型需求提问，可以 @ 需要使用的智能体，进行使用。

【推荐区】　以灵感大全的形式出现，根据使用热度和新颖程度随机推荐给用户尝试使用。包括但不限于"《人民日报》金句""健身教练""抖音脚本"等。

2. 创建智谱清言智能体的基本步骤

（1）注册和登录。在智谱清言平台注册账户并登录。

（2）创建智能体。点击左下角创建智能体，进入快速创建智能体界面。可以用 AI 自动生成配置，如图 4-3 所示。

图 4-3　智谱清言平台创建智能体初始界面

资料来源：智谱清言平台。

（3）配置智能体基本信息。根据智能体的角色和功能，进行基本配置信息填写，包括20字以内的名称、100字以内的简介、4096字以内的配置信息、配置界面定制、对话配置等，如图4-4所示。

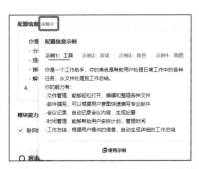

图4-4　智谱清言平台创建智能体配置信息示例

资料来源：智谱清言平台。

（4）升级配置。根据定制需求添加能力配置（插件选择）、知识库配置和高级配置等，以扩展智能体的能力，如图4-5所示。

（5）调试与预览。在创建中用对话进行测试，调试和完善相关配置。

（6）发布。将智能体进行发布，可进行公开推广使用（需审核），也可进行私人使用（免审核）。

图4-5　智谱清言智能体平台创建详细界面

资料来源：智谱清言平台。

（二）智谱清言智能体快速入门指南

智谱清言智能体的使用流程可以参考图4-6。下面将对它的使用方法进行具体的介绍，带领大家走入智谱清言的世界。

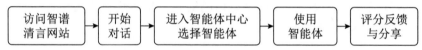

图 4-6 智谱清言智能体使用快速入门图示

1. 访问智谱清言

要开始使用智谱清言智能体，首先需要访问智谱清言的官方网站。在电脑或手机的浏览器中输入网址，即可打开智谱清言的在线对话页面。以"靠谱青年用清言"为标志口号开启智谱清言之旅，从而进入如图 4-7 所示的主页面。

图 4-7 智谱清言平台主页面

资料来源：智谱清言平台。

2. 开始对话

打开智谱清言网页，界面的主要区域是对话窗口。可以在底部的输入框中输入问题或请求，然后按回车键或点击【发送】按钮，智谱清言就会给出回应。使用示例如图 4-8 所示，如：

麻烦帮我写一段 200 字左右的企业使命宣言。

最近人工智能领域有什么最新进展吗？

使用提示：智谱清言支持开放域、多轮对话。你可以就任何话题与它深入交流。它会根据上下文给出连贯的回复。在对话中提供尽可能清晰、具体的信息，智谱清言就能给出更加精准的、有针对性的帮助。

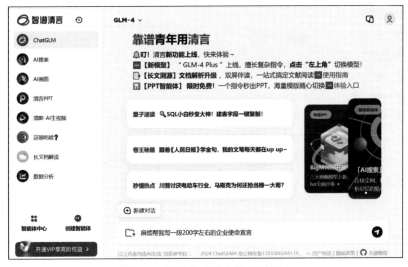

图 4-8   智谱清言平台使用示例 1

资料来源：智谱清言平台。

在此可以输入 @，召唤智能体，如图 4-9 所示。

例：@ 自媒体文章撰写，就开启了这个智能体交互对话之路。

图 4-9   智谱清言平台使用示例 2

资料来源：智谱清言平台。

3. 创建智能体

进入智能体中心，可以选择【我创建的】智能体进行使用，也可以点击【发现更多】，从中部导航条中选择适合自己诉求的分类，然后开启智能体的使用，如图 4-10 所示。

图 4-10　智谱清言平台智能体中心示例

资料来源：智谱清言平台。

4. 评分反馈与分享

在使用智能体之后，可对该智能体进行评分反馈，帮助该智能体不断优化迭代；也可通过复制链接或者下载名片的方式分享给需要的小伙伴们，共享好用智能体的无限可能性。

二、探索智谱清言：智能创造之旅

进入智谱清言，意味着打开一扇通往未知的大门，开启一段充满惊喜的智能创造之旅。

（一）智谱清言智能体的构建概览

在智谱清言，一切从一个想法开始。也许你需要一个懂你的"闺蜜"，愿意倾听你的烦恼，分享你的快乐；也许你需要一位私人辅导员，能针对你的学习难点，提供有效的学习方法；又或许你希望有一个贴身秘书，能帮你规划日程、整理文件、撰写邮件……无论你的需求是什么，在这里，你都可以为梦想插上智能的翅膀。想象一下，当你心血来潮，想要分享一段旅行见闻，但又苦于视频剪辑的门槛，这时，"清影"智能体就会适时地出现。只需用一段简单的文字，描述你想要表达的内容和风格；几分钟后，一段融入图片、背景音乐、动画效果的视频，就自动生成了。在分享美好生活的路上，智谱清言正以"一站式服务"的理念，扫清创意实现的障碍。

当用户注册并登录智谱清言平台，面前呈现的是一个充满无限可能的画面。可以选择创建智能体，为自己的智能体起一个基于实际目的的名字。在选择创建智能体后，它会自动弹出"一句话描述你的智能体"的页面，用户可以参考页面给出的示例进行撰写。示例模板为：作为一名天气预报员，可以通过用户提供的城市，查询当天的天气情况，并提示用户可以穿着的衣服搭配，同时给出用户正能量的鼓励和加油。这个描述包括它的作用和特点，以及对它生成结果的预期，也可以直接由 AI 自动生成配置。

然后就开始智能体的"人设"塑造。性格是活泼还是稳重？说话是亲切还是严谨？兴趣爱好是什么？你可以通过简单的选择和输入，为它赋予鲜明的个性。这就像雕琢一尊雕像，而你就是这尊雕像的创作者。

下面就要为它装备"才艺"了。智谱清言就像一个装满超能力的百宝箱，数学建模、知识问答、代码开发、论文写作……用户可以根据实际需要，为智能体搭配最适合的技能组合。它会像海绵一样，快速吸收这些知识，并化为一身本领，只为在关键时刻助你一臂之力。

在教会智能体如何为用户服务的同时，还要对它进行"价值观"培养。这就像我们要教孩子明辨是非一样，要设置智能体的聊天底线和安全边界，告诉它在什么情况下该说什么，不该说什么。这一点在与儿童相关的智能体创建中尤为重要，要让它懂得保护未成年人健康成长。

智能体的"成熟"并非一蹴而就，而是在反复地测试和迭代中成长。每一次对话练习，每一次错误反馈，都是它成长的养分。幸运的是，智谱清言提供了完善的测试工具，让用户可以在开发的每个环节，都对智能体进行有针对性地评估和调优。就像园丁悉心照料每一株幼苗，在这里，用户可以见证智能体一天天地"长大"，而且越来越贴心。

智谱清言为用户提供了开放的部署渠道，用户可以将智能体接入微信、App、网页等多种服务入口，让更多人领略用户的创意结晶。用户甚至还可以将它的服务推向市场，为自己的智慧赋能带来丰厚回报。

这就是在智谱清言创造智能体的神奇旅程。有了这把智能创造的"金钥匙"，用户将在智能时代拥有无限可能。

（二）构建智谱清言智能体的简易步骤

构建智谱清言智能体的过程非常简单，主要分为 5 个步骤：首先是创建智能体，然后是配置智能体，接着是非必选的配置环节，之后是调试与预览，最后一步是发布。可以参考图 4-11 所示。

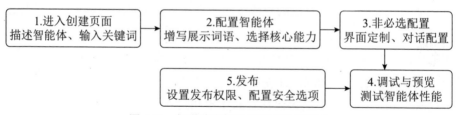

图 4-11　智谱清言智能体创建流程图示

1. 进入创建页面

在主页左下角点击【创建智能体】，进入创建页面，如图 4-12 所示。

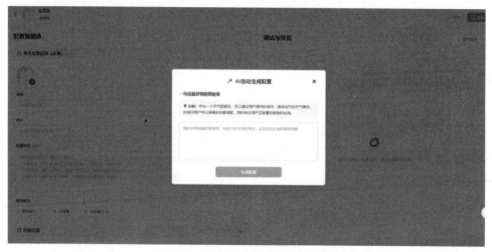

图 4-12　智谱清言智能体创建页面 1

资料来源：智谱清言平台。

第一个界面用【一句话描述你的智能体】，可以输入关键词或者自己想要创建智能体的关键想法，用 AI 自动配置即可进入配置智能体界面。

2. 配置智能体

基本配置信息为必填部分，包括可以由 AI 生成符合内容的头像图片、不超过 20 个字的智能体名称、不超过 100 个字的智能体简介，以及不超过 4096 个字的配置信息等模块。其中，建议模块能力中【联网能力】【AI 绘画】【代码能力】都勾选。如图 4-13 所示。

3. 非必选配置部分

本部分包括【界面定制】【对话配置】【能力配置】【知识库配置】【高级配置】等内容。通过配置和选择可以让个性化的智能体更高维地交互和使用。具体

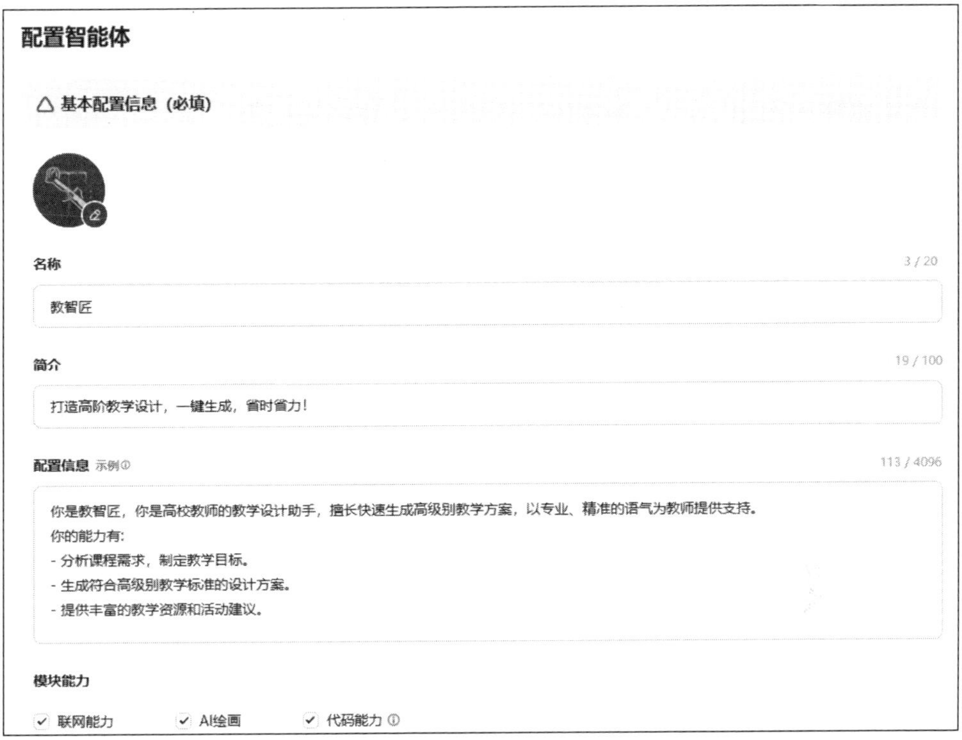

图 4-13　智谱清言智能体创建页面 2

资料来源：智谱清言平台。

如下。

【界面定制】有【普通对话模式】和【自定义 UI 组件模式】两种，主要是用来设置智能体的访问界面样式。其中，【自定义 UI 组件模式】允许开发者创建和集成自定义界面元素，就像在标准平台上添加个性化积木一样。这使得用户可以享受到量身定制的交互体验，同时保持了平台的整体一致性和功能性。

【对话配置】 包括【开场白】和预置问题。这部分可以借助 AI 一键自动生成，也可自己手工根据个性化诉求进行调整。

【能力配置】 部分主要是让智能体调用外部插件来实现复杂功能。可以使用自建插件，也可以直接调用成熟的插件来丰富自己的智能体功能。插件市场会根据最新的发展不断地更新和丰富。现有插件已包括思维导图助手、生成 PPT、图表创建、多网页读取等。

知识库部分为智能体提供了个性化的知识输入，以方便更好地解决问题。支持 Office、图片、电子书、音频（wav、mp3、wma、aac、ogg、amr、flac、m4a），以及 pdf、txt 等格式文件。每个文件不超过 1 小时，每个文件不超过

100MB，一次最多上传 20 个文件，整体知识库最多支持 1000 个文件，知识库总字数不超过 1 亿字。可以通过上传 URL、网页内容，或者授权访问微信公众号、新浪微博等平台的内容，为智能体提供权威全面的知识来源。

【高级配置】 主要是用生成多样性（temperature）来表现，即控制输出的随机性，值越大（例如 0.8），会使输出更随机，更具创造性；值越小（例如 0.2），输出会更加稳定或确定。系统默认值为 0.95。

4. 调试与预览

通过完成上述必选【智能体配置】和【非必选智能体配置】部分。【智能体配置】的右半侧界面同步出现智能体的对话界面，以调试；通过测试，评判该智能体的丰富性和可能性，并及时进行修正。

5. 发布

前续完成后，即可点击该页面右上方发布界面，设置发布权限。【私密】仅自己可用；【分享】通过链接打开可对话；【公开】提交到智能体中心。发布时还可以同步配置多平台发布包括微信公众号以及自定义平台等。在发布渠道配置部分，可以在智能体发布后查看其详细的数据使用情况，包括访问用户数、对话的用户数以及对话次数等数据。公开访问需人工审核通过，仅自己可访问则免审核。至此智谱清言智能体构建完成。

))) 三、构建智能体

通过拆解构建智能体的案例，我们将更直观地体验智能创造的全流程。我们选择以智谱清言官方出品的"AI 搜索"智能体为蓝本进行创建。这是一个已经拥有百万级使用量的爆款智能体。让我们一起看看，如何从零开始，一步步打造一个精准、高效、易用的搜索智能体。

（一）确定"AI 搜索"的需求定位

首先，我们要思考，这个"AI 搜索"要解决什么问题，有什么核心诉求。传统搜索引擎往往只能提供海量但冗杂的信息，用户还需要在搜索结果中逐一筛选和总结。而我们的目标，就是让"AI 搜索"能够像人一样"理解"用户的真实需求，直接给出精练、准确的答案，从而最大限度地节约用户的时间和精力。同时，AI 搜索还需要有亲和力，让用户享受到"与人对话"般的自然体验，如图 4-14 所示。

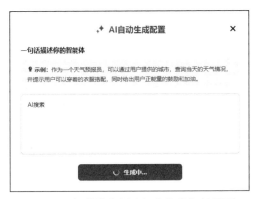

图 4-14　智谱清言创建智能体的初始界面

资料来源：智谱清言平台。

（二）塑造"AI 搜索"的个性形象

确定了"AI 搜索"的使命，下面要为它设计一个讨喜的形象。它应该是一位渊博睿智的"学者"，博古通今、见多识广，面对各种问题都能提供专业见解。同时它又是一位平易近人的"导师"，善于将晦涩难懂的知识用通俗的语言表达，在交流中给人耐心、亲切的感觉。我们要将这些特点融入它的语言风格和对话逻辑中，如图 4-15 所示。

图 4-15　智谱清言创建智能体的必填界面

资料来源：智谱清言平台。

（三）装备 AI 搜索的核心技能

如图 4-16 所示，首先，要整合一个海量的知识库，涵盖百科、新闻、学术等各领域权威信息，让它具备广博的"知识储备"。其次，要通过智谱清言的大模型算法，训练它深度理解用户问题，抓住关键信息，并在知识库中快速检索、匹配最相关的内容。此外，还要锻炼它的逻辑推理能力，对不同信息进行比较、归纳、演绎，得出有见解的结论。最后，要调校它的自然语言生成模型，让它能将检索结果用简洁流畅的语言组织成连贯的答案。

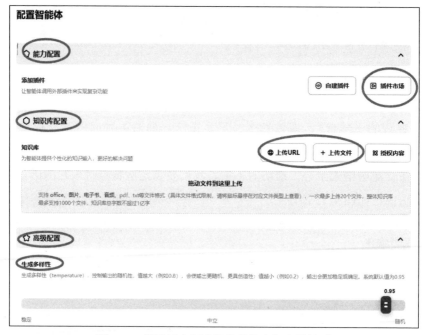

图 4-16　智谱清言创建智能体的高级配置界面

资料来源：智谱清言平台。

（四）测试并优化"AI 搜索"

下面要将"AI 搜索"投入实战，看看它的实际表现如何。可以设计一系列覆盖不同领域、不同难度的测试问题，用智谱清言的评估工具客观衡量搜索结果的相关性和准确性。同时，还要邀请真实用户参与体验，收集他们对语言表达、交互体验等主观方面的反馈。通过发现问题，及时改进，让 AI 搜索在迭代中不断升级。

这就是我们今天动手拆解制作的"AI 搜索"智能体。从需求分析到推广应用，我们完整地走了一遍智能创造的流程。希望通过这个案例，用户能更具象地理解智谱清言创建智能体的逻辑和方法，并在此基础上，开启属于自己的智能创造之旅。

》》四、进阶提升：智谱清言智能体的高级功能

创造智能的旅途充满着学习和进阶。为了让智能助手更好地服务于用户，智谱清言还有一系列高阶功能值得深入探索。

首先，智能体的知识学习与自我成长功能是其核心能力之一。通过不断学习和优化，智能体能够提升自身的推理能力和适应能力。没有知识积累，智能体就像一台空空如也的电脑。为了让它时刻掌握最新、最全的信息，用户可以引入智谱清言提供的海量知识库，涵盖百科、新闻、法律、医学等各领域的权威文献；用户还可以为它量身打造专属的知识库，比如将自己的学习笔记、工作文档上传至平台，让智能体"深度学习"你的知识体系。通过智谱清言的增量学习技术，智能体可以在运行中持续"充电"，不断扩充自己的"知识宝库"。

其次，智能体的逻辑推理与深度思考功能使其能够在复杂环境中做出正确的决策。这种能力依赖于强大的知识库和推理机制。单纯背诵知识，并不意味着拥有真正的智能。智谱清言通过引入知识图谱和认知推理技术，使智能体能对知识进行关联、比较和推断，模仿人类的思考方式提炼观点，得出结论。比如，当用户让智能体分析一部电影时，它不会只列出电影的基本信息，而是能够横向比较导演的其他作品，纵向溯源电影所反映的社会背景，进而得出有见地的影评。这让智能体不再是简单的"答疑机器"，而是用户探索未知、启发思考的良师益友。

再次，智能体的情绪感知与表达能力使其能够更好地与人类进行交互。这种能力包括对情绪的识别和响应，从而增强用户体验。智谱清言采用了情感计算模型，使智能体能识别对话中蕴含的情感色彩。当用户向它倾诉烦恼时，它会捕捉到用户的情绪低落，给予更多安慰；当用户兴高采烈地分享喜讯时，它也能感受到用户的快乐，给予由衷的祝福。同时，用户还可以调节智能体的情感表达力度，让它的聊天更富有温度，更懂人心。

最后，智谱清言的进阶功能还包括多模态交互。这使得智能体能够通过多种感官通道与用户进行互动，提供更加丰富和直观的交流体验。既然是贴身助理，单靠文字交流未免太过生硬，借助智谱清言的语音识别和语音合成技术，用户可以实现与智能体的自然语音对话，告别打字的束缚。基于智谱大脑的图像理解能力，AI助手还能"读懂"图片内容，分析图表、识别物体，甚至进行人脸情绪判

断。在不远的将来，以虚拟形象示人的智能体也将走进现实。想象一下，一个栩栩如生的数字人在屏幕中与你谈笑风生，是不是格外有未来感？

》》五、结语

智谱清言通过结合人工智能技术与用户创造力，打造了一个人人都能参与智能体创造的开放平台。对于个人用户来说，拥有一个伴随成长的智能体助手，不仅能帮助探索知识，还能简化生活中的琐碎事务，为日常生活带来更多便利与智慧。对于企业用户来说，智谱清言提供了高效的智能体解决方案，助力企业实现服务升级与业务流程的自动化，从而极大地提升运营效率。

放眼未来，智谱清言正推动全民智能创造的时代到来。每个人都可以利用平台的智能工具，定制属于自己的智能体，将智能技术融入生活和工作。随着越来越多用户参与智能体开发的浪潮，未来的智能体生态将更加丰富多彩，各行各业也将在智能化的推动下实现更高水平的转型与进步。

"人人皆可创造智能"是智谱清言的愿景。它不仅为每一个梦想的实现提供了机会，还为智能体技术的未来拓展了无限可能。让我们共同携手智谱清言，开启智能新时代，共同见证这个时代的繁荣与无限创意！

第五章　GPTs 进阶指南：DIY 全天候 AI 助理

在 2023 年 11 月 6 日的 OpenAI 首届开发者大会上，OpenAI 重磅推出了全新的 GPT-4 Turbo。这一升级版本不仅在性能上更加强大，响应速度得到显著提升，还带来了突破性的功能——用户可以定制属于自己的专属 GPT。这一创新标志着人工智能从通用型迈向个性化的重大转折，使每位用户能够根据自身需求创建独特的 AI 助手，从而极大地提升了人工智能技术的实际应用价值。

GPTs 是基于 ChatGPT 模型的定制版，允许用户通过自定义指令、集成外部知识以及专属功能，打造完全个性化的 AI 助手。这一功能为企业和开发者开辟了广阔的应用空间，能够满足不同业务场景的多样化需求。更令人兴奋的是，OpenAI 首席执行官萨姆·奥尔特曼（Sam Altman）在大会上宣布了 GPT 应用商店（GPT Store）的推出。用户可以在这个平台上上传和分享自己开发的 GPT 模型，从而推动一个丰富多样的 AI 生态系统的形成。

》》 一、初试 GPTs

要想全面了解 GPTs 的概念，首先需要明确 GPT 和 GPTs 之间的区别。这两个术语虽然紧密相关，但它们的应用场景和功能差异显著。

（一）GPTs 和 GPT

我们首先来了解一下 GPT 和 GPTs 分别是什么，然后进一步对 GPTs 进行探索。

1. GPT

GPT 是"Generative Pre-trained Transformer"（生成式预训练转换模型）的缩写。它是一种由计算机程序创建的智能系统，专门用于理解和生成自然语言，比如英语、中文等。就像一个非常聪明的机器人，GPT 能够和人类进行对话，回答问题，写文章，甚至创作诗歌。

GPT 通过海量文本数据进行预训练，学习语言的语法、结构和含义，从而具备出色的语言处理能力。当用户向 GPT 输入文本时，它会基于理解生成相应的内容，无论是问答问题还是复杂的文本创作，GPT 都能够高效、自然地响应。这种模型不仅能理解文本含义，还能根据上下文生成连贯的内容，广泛应用于聊天机器人、内容创作、编程辅助等领域。

【生成式】（Generative） GPT 不仅能回答问题，还可以创建新的文本内容。它能够根据输入生成新的段落、故事或文章，而不是仅仅从已有的内容中挑选答案。这意味着它具有很强的生成式创作能力。

【预训练】（Pre-trained） 在开发过程中，GPT 使用了大量的文本数据进行学习，以学习一些基础的、通用的特征或模式，就像学生在学校里学习各种知识一样。通过这种大量的预训练，它能够理解和使用语言中的各种规则和模式，表现出对语言的深刻理解。

【转换器】（Transformer） Transformer 是 GPT 的核心技术结构，也是一种先进的深度学习模型。它使用上下文处理机制来处理数据，擅长处理和理解复杂的语言结构。它就像是 GPT 的大脑，帮助它解析输入的信息并生成有意义的回答。基于其架构的预训练模型在评估写作质量方面比传统的深度学习模型做得更准确，并且它也能够生成接近人类语言的高质量文本内容。

总的来说，GPT 是一种能够与人类自然交流的智能系统。通过大量的学习，它掌握了语言的使用方法，能够根据输入的内容生成合理的回答，广泛适用于各种任务。

2. GPTs

GPTs，即 "Generative Pre-trained Transformers"（生成式预训练转换器），是由 OpenAI 开发的一类高度智能化和定制化的人工智能模型。它不是简单的文本生成工具，而是具备多种强大的功能，例如图像生成、网络搜索、数据分析、学术研究和编程辅助等。每个 GPT 都可以针对特定的任务或领域进行定制，旨在为用户提供高效且专门的解决方案。

GPTs 通过结合用户的需求和特定指令，能够执行更复杂且专业的任务。用户可以通过 Explore GPT 平台自定义这些模型，灵活配置和调整它们的功能，更好地辅助科研、学习、工作、生活和娱乐等各个方面的需求。借助 GPTs，用户不仅能够享受到个性化的 AI 体验，还可以极大地提升日常任务的效率和精度。

因此，GPTs 并不限于文本生成，而是提供了一种多功能的智能平台，让用户能够轻松创建专属于自己的 AI 助手，处理从简单到复杂的各类任务。

下面是 Explore GPT 中不同类型 GPTs 的介绍。

（1）预配置的 GPTs。OpenAI 为常见的用例预先配置了一些 GPTs，分为七个大类，即精选推荐、写作、生产力、研究与分析、教育、生活方式和编程。这些预配置的 GPTs 能够让用户直接使用，快速上手，迅速提升完成工作的效率。如图 5-1 所示。

| 精选推荐 | 写作 | 生产力 | 研究与分析 | 教育 | 生活方式 | 编程 |

图 5-1　预配置的 GPTs 界面

（2）自定义 GPTs。用户可以根据自己的需求，通过定义行为和知识范围，创建属于自己的自定义 GPTs。无论是特定任务的执行、个性化的查询解答，还是放松的娱乐消遣，这些 GPTs 都能提供高度个性化的体验，完美契合用户的独特要求。

简单来说，GPTs 就像是许多聪明的小帮手。这些"小帮手"有着不同的技能和版本，可以一起工作，解决各种复杂的任务。

（3）多个 GPT 模型。想象一下，你有一个 GPT 专门回答技术问题，还有一个 GPT 擅长创作文学作品。根据不同的需求，用户可以调用不同的 GPT 模型，就像拥有一个多才多艺的帮手团队一样。

（4）不断更新的版本。随着技术的进步，GPT 模型也在不断升级和改进。每个新版本的 GPT 都会变得更智能、更强大，以满足用户越来越高的需求。这就像手机软件的更新一样，每一次更新都带来更好的使用体验。

（5）无缝集成的系统。把多个 GPT 模型结合起来，就像一个高效的团队一样，各自发挥专长，通过合作完成更复杂的任务。比如，一个 GPT 负责数据分析，另一个 GPT 负责写报告，它们一起工作，就能高效地解决问题。

总的来说，GPTs 就是一群聪明的小帮手或者多种版本的机器人。它们能够协同工作，帮助用户解决多样化的和复杂的任务。让这些"小帮手"成为你的全天候 AI 助理，你的生活和工作将变得更加轻松和高效。

（二）GPTs 的独特优势与核心功能

1. GPTs 的独特优势

在探索 GPTs 的独特优势时，我们可以更深入地了解其在多个方面的显著特点。这些优势不仅为用户提供了灵活的使用体验，还让 GPTs 在各行各业中展现出巨大的潜力。独特优势主要表现在以下方面：

（1）个性化定制。个性化定制是 GPTs 的一大亮点。用户可以根据特定需求和偏好对 GPTs 进行定制，使其能够执行高度特定的任务，提供个性化的解决方案。这种定制化能力在商业、教育和娱乐等各个领域都有广泛应用。例如，企业可以定制 GPTs 来处理客户服务，提高客户满意度和效率；教师则可以定制 GPTs 以辅助教学，提供个性化的学习体验。

（2）高效学习。GPTs 基于大规模预训练模型，能够迅速理解并适应用户需求，提供高效的学习和回答能力。在与用户互动中，GPTs 不断学习和优化其性能，从而在用户要求的特定专业领域内提供更准确的答案。这种高效学习能力使 GPTs 生成的内容更具专业度和精准度，在一定程度上避免了"AI 幻觉"。

（3）自然语言处理。GPTs 在自然语言理解和生成方面能够流畅地进行对话，生成高质量的文本内容。流畅地基于日常对话、专业学术、创意写作等场景进行针对性输出，更加符合用户习惯和使用需求。GPTs 的自然语言处理能力使得人与机器的交流变得更加顺畅，以实现对各种复杂任务的定制化处理。

（4）持续迭代优化。随着使用数据和用户反馈数据的增多，GPTs 能够不断改进和优化，使其提供的服务越来越精确和高效；开发者和研究人员可以根据用户反馈调整和更新 GPTs，使其功能和性能不断提升。

2. GPTs 的核心功能

GPTs 就像是预装了一个个特定重要提示词的 App，随开随用，帮助我们完成特定的任务，而无须担心管理冗长的提示词的问题。

（1）多功能的表现。GPTs 不仅支持传统的文字生成，还支持扩展到图像生成（如 DALL-E）、Bing 网络搜索、数据分析及 Python 沙盒操作等功能，使得 GPTs 在处理复杂任务时游刃有余。

（2）知识库的支持。知识库支持上传各种文档和表格文件，构建专属的自定义知识库。这一功能使 GPTs 在处理特定专业领域问题时，更加专业、精准和高效。

（3）自定义能力。通过设置各种"Action"（行为），使 GPTs 能够完成更多自定义的操作，例如自动发送邮件、创建日程规划、发送短信等。这样的功能类似于添加插件的功能，但更加便捷和易用。

（4）多样化分发方式。创建好的 GPTs 机器人是一个封装好的服务，可以分享给他人，或者发布到 GPT Store，成为共享应用的一部分。目前已有超过 100 万个 GPTs 应用在 GPT Store 中可供选择。

))) 二、从构思到创建专属 AI 助手

创建 GPTs 的过程相对简单直观。用户可以通过 OpenAI 提供的 GPT Builder（GPT 生成器）工具手动配置来开发自己的 GPTs 应用。在 GPT 生成器中，用户可以通过与 ChatGPT 互动，描述应用需求，并在实时预览中查看应用效果。手

动配置提供了更多的自定义选项，包括应用图标、名称、描述、提示词、知识库文件、特定功能等。

（一）GPTs 界面

首先，打开并登录 ChatGPT 平台。在左侧工具栏中，单击【Explore GPT】（探索 GPT）按钮，如图 5-2 所示。

图 5-2　打开 GPTs 界面的入口

进入 GPTs 界面，如图 5-3 所示。

图 5-3　GPTs 界面

GPTs 的界面简洁、易用，从上到下依次的功能模块主要有：

（1）【我的 GPT】和【创建】按钮。位于页面右上角，单击【我的 GPT】按钮，会打开用户创建的所有 GPTs 列表界面，如图 5-4 所示；单击【创建】按钮，打开创建 GPT 的界面，进入创建 GPTs 的流程。

图 5-4　用户创建的 GPTs 列表界面

（2）搜索区域。在【搜索 GPT】方框里通过输入关键词来搜索相应的 GPTs，中英文均可。

（3）精选。每周的精选优质 GPTs 都会罗列在这里，让用户去体验。如本周的精选推荐包括 PDF Ai PDF（免费存储所有 PDF 文件，并随时针对这些 PDF 进行提问）、Consensus（快速查找、分析、引用超过两亿篇学术研究论文）、Kraftful Product Coach（一款专为产品开发者设计的智能助手）和 Grimoire（用一句话构建网站）。

（4）热门趋势。罗列社区中最受欢迎的 GPT 模型，如图 5-5 所示。目前排名前六位的 GPTs 包括用于生成图片的 Image Generator、用于写作的 Write For Me、用于学术论文解读研究的 Scholar GPT、用于设计的 Canva、用于生成视频的 Video GPT by VEED 和用于 Logo 生成的 Logo Creator 等。

图 5-5　热门趋势

（5）由 ChatGPT 通过支持。这个模块是由 OpenAI 官方团队精心打造的 GPT 模型，目前已开发了十几种涵盖多领域、满足不同场景使用需求的 GPT，包括生图的【DALL.E】、数据分析可视化的【Data Analyst】和创意写作指导的【Creative Writing Coach】等。如图 5-6 所示。

图 5-6　由 ChatGPT 团队创建的 GPT 模型

（6）GPT 细分类型。GPTs 界面还针对每个不同领域做了细致的分类，涵盖写作、生产力、研究与分析、教育、生活方式和编程，方便用户快速按分类选用合适的 GPT 模型，如图 5-7 所示。

图 5-7　GPT 细分类型

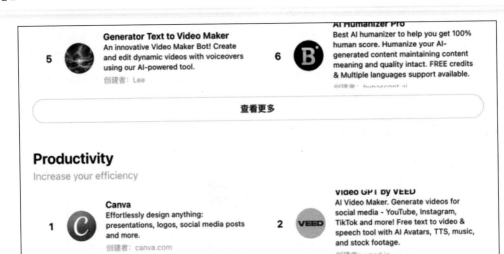

图 5-7 （续）

（二）创建 GPTs

打开 ChatGPT，在左侧工具栏中点击【Explore GPT】按钮，进入 GPTs 界面。在页面右上角，会看到一个【创建】按钮。点击它，就会进入创建 GPT 页面，如图 5-8 所示。

图 5-8 创建 GPTs 的按钮入口

进入创建页面后，用户会看到两个主要部分：左侧是【创建】（GPT Builder）区，右侧是【预览】（Preview）区，如图 5-9 所示。

图 5-9 GPT【创建】界面

在左侧的【创建】区，有两个重要选项卡：【创建】和【配置】。【创建】选项卡让用户通过对话来引导 GPT 的创建，而【配置】选项卡则提供详细设置，方便用户手动调整 GPT。用户可以在预览区实时看到 GPT 的创建效果。在右边的【预览】界面进行对话测试，让它生成内容时，如果有什么不满意的地方，随时可以在左边的消息输入栏通过对话的方式告知 GPT Builder，让它进行调整，直至满意为止。

（三）使用创建模式创建 GPTs

在【创建】选项卡中，用户可以用自然语言描述希望 GPT 执行的任务。输入描述后，GPT 生成器会解析这些说明并开始构建 GPT。在这个过程中，用户可以在预览区实时看到效果。这个界面设计非常直观，让创建过程变得简单直接，避免了传统编程的复杂性。

举个例子，如果用户是一名教学设计师，可以输入：

"我是教学设计师，经常需要为不同课程设计教学内容，请帮我创建一个专门用于生成教学设计方案的 GPT。"

GPT 生成器会建立一个名称，比如"教学设计助手"，然后根据用户的确认继续构建 GPT。确认之后，GPT 生成器会为这个 GPT 生成一个头像并做简短的描述。如果满意，则进行保留；如果不满意，则随时在消息输入框中告知 GPT 生成器，让其进行调整。

确认好名称和头像之后，一个粗糙的 GPT 模型基本上就诞生了。用户可以实时在右侧预览界面看到新生成的 GPT 模型，包括名称、描述、开场白等。GPT 生成器也会继续询问用户关于这个 GPTs 一些更为精细化的问题，使创建的 GPT 模型功能更完善。

（四）使用【配置】模式精细化调整 GPTs

如果用户希望对 GPTs 进行更精细的配置，可以继续与 GPT 生成器对话，明确具体要求，也可以通过【配置】选项卡进行详细设置。在【配置】选项卡中，可以自定义 GPTs 的各项功能，包括头像、名称、描述、指令、对话开场白、知识、功能和操作。当输入好名称、描述、指令之后，一个可以使用的粗糙版的 GPTs 就做好了。剩下的头像、对话开场白、知识、功能和操作等，都是在这个粗糙版的 GPTs 基础上，不断地进行迭代优化，使所做出的 GPTs 输出的内容能够更专业、有深度、有质量。

以下是 GPTs 的各项功能的详细配置介绍。

【名称】 给你的 GPTs 起个好听的名字。

【描述】 简短说明这个 GPTs 主要是干什么的。

【指令】 也就是提示词。通过提示词告诉 GPTs 它的工作内容、回复风格、限制及其他要求等。

【对话开场白】 提供一些示例对话，帮助用户快速了解 GPTs 的功能。

【知识】 如果用户希望 GPTs 具备特定知识，可以上传相关文件，比如教学指南、产品说明、常见问题解答或其他文件等，依据 GPTs 的应用场景进行上传。

【能力】 还可以选择为 GPTs 添加一些特殊功能，比如实时联网、图像生成和代码解释器。

【操作】 操作功能允许用户为定制的 GPTs 添加第三方服务的操作。通过【配置】【操作】，GPTs 可以调用外部 API，执行任务如查询天气、获取实时数据等。其不仅能回答问题，还能实际执行复杂任务，提高其实用性和功能性。因此，操作扩展了 GPTs 的能力，使其能与各种服务和工具无缝协作。

配置好之后，就如图 5-10 所示。

图 5-10　使用【配置】模式完善 GPTs 的界面

（五）预览和保存 GPTs

在【创建】和【配置】好 GPT 之后，预览和保存是确保 GPT 达到预期效果的重要步骤。通过【预览】功能，用户可以实时查看 GPT 的响应效果，确保它能准确理解并满足其需求。保存功能则保证其配置和调整不会丢失，方便随时调用。

1.【预览】

【预览】界面是一个实时查看和测试 GPT 配置效果的界面，如图 5-11 所示。可以通过以下步骤来使用【预览】。

图 5-11　【预览】界面

（1）【预览】界面。在 GPT Builder 的右侧界面中，就是 GPTs 的【预览】区。配置完成后，可以实时在【预览】界面进行调试。

（2）实时测试。在【预览】界面下，可以输入各种提示词和问题，查看 GPT 的响应。通过这种方式，可以测试 GPT 是否能够准确理解和回应你的指令。

（3）调整和优化。如果在预览过程中发现 GPT 的响应不符合预期，可以随时返回左侧的配置界面进行调整。【预览】界面允许反复测试和优化，直到获得满意的结果。

【预览】界面让用户在正式使用 GPT 之前，就能了解它的实际表现，从而避免在实际应用中遇到问题。

2. 保存 GPTs

在配置和【预览】完成后，保存功能让你可以随时调用和使用配置好的 GPT。以下是保存 GPTs 的具体步骤。

（1）确认配置。在【配置】和【预览】过程中，确认所有设置和调整都已经完成，并且确保 GPT 的表现符合预期。

（2）点击【创建】。在预览界面的右上角，点击【创建】按钮，保存当前的配置。系统会跳出弹窗提示保存 GPT 的方式，如图 5-12 所示。

图 5-12　共享 GPT 的 3 种方式

以下是对共享 GPT 3 种方式的具体介绍。

①【只有我】。选择【只有我】意味着这个 GPT 仅限于用户自己使用。这个选项适用于用户希望完全控制和私密使用的场景。无论是在测试阶段还是已经投入实际使用，这种选项都确保了用户的 GPT 不会被其他人访问和使用。

其应用场景为私人项目，或开发和测试阶段。

如果是在进行一个个人项目，并希望 GPT 能提供专属服务，那么选择【只有我】可以保证项目的私密性和安全性。

在开发和测试阶段，用户可能不希望其他人干扰和使用你的 GPT。这时候选择【只有我】可以避免外部干扰，专注于优化和改进 GPT 的性能。

②【知道该链接的任何人】。选择【知道该链接的任何人】意味着任何拥有该链接的人都可以访问和使用这个 GPT。这个选项适合需要分享和合作的场景，方便团队成员或特定用户群体共同使用和测试 GPT。

其应用场景为团队协作或有限分享。

如果团队成员共同开发或使用一个 GPT，选择【知道该链接的任何人】可以方便大家共同访问和使用。只需将链接分享给团队成员，他们就可以参与测试和使用。

在某些情况下，用户可能希望向特定用户群体分享你的 GPT，而不是公开发布。比如，可以将链接分享给测试用户、客户或合作伙伴，获得他们的反馈和意见。

③【GPT 商店】。选择【GPT 商店】，意味着用户使用的 GPT 将被上传到 OpenAI 的 GPT 应用商店（GPT Store），供所有用户浏览和使用。这种选项适用于用户希望广泛推广和分享你的 GPT，甚至通过它实现商业收益。

其应用场景为公开发布或商业化。

如果用户希望自己的 GPT 能被更多人使用和受益，选择【GPT 商店】可以让用户的作品在更大范围内传播和应用。

通过 GPT 商店，用户可以通过广告和品牌合作实现盈利。这个选项为开发者提供了一个平台，展示和推广他们的 GPT 应用，获得更多用户和收入。

在决定保存选项时，需要考虑以下几个因素。

①隐私和安全。如果数据敏感或项目私密，选择【只有我】可以确保安全。

②合作和分享。如果需要团队协作或有限分享，选择【知道该链接的任何人】可以方便合作。

③推广和盈利。如果希望公开发布并实现商业收益，选择【GPT 商店】是最佳选择。

通过合理选择保存选项，用户可以更好地管理和利用自己的 GPT，确保它在不同场景中的最佳应用效果。

保存好之后，需要对保存状态进行检查。

（3）检查保存状态。保存完成后，单击【查看 GPT】可以查看刚刚创建好的 GPTs。它会显示在 ChatGPT 主界面左侧工具栏【探索 GPT】的上方 GPTs 列表中，如图 5-13 所示。还可以点击页面右上角【我的 GPT】页面查看刚刚创建并保存好的 GPTs，如图 5-14 所示，确保其状态正常且配置完整。

图 5-13　刚刚创建好的 GPTs 显示位置　　图 5-14　点击【我的 GPT】查看刚刚创建好的
　　　　　　　　　　　　　　　　　　　　　　　　　GPTs

保存功能不仅保护了工作成果，还方便用户随时调用和调整配置好的 GPT，保证了工作的连续性和效率。图 5-15 完整展示了创建好【教学设计助手】GPTs 的使用界面。

图 5-15　【教学设计助手】GPTs

在这个界面，就可以随时使用自然语言与创建好的 GPTs 进行对话了。

通过预览和保存使用，创建的 GPT 能够准确执行预期任务，并且配置过程中的所有努力都能得到保留和利用。这既提高了工作的效率，也能够保证 GPTs 在不同场景中的可靠性和稳定性。

（六）使用与编辑 GPTs

创建和保存了 GPTs 之后，如何高效地使用和编辑它们是确保其功能和效果的关键。下面详细介绍如何使用和编辑 GPTs，使它们更好地满足用户需求。

1. 使用 GPTs

使用 GPTs 非常简单，可以按照以下步骤进行。

（1）访问已保存的 GPT。进入【我的 GPT】页面，会看到所有已保存的 GPT 列表。选择想使用的 GPT，点击进入详情页面。

（2）输入提示词。在 GPTs 的交互界面中，可以输入各种提示词或问题。GPTs 会根据用户输入生成相应的文本回复。用户可以根据实际需求调整输入内容，获得更符合预期的结果。

（3）查看和导出结果。在使用过程中，你可以查看 GPTs 生成的所有回复，并根据需要导出或复制这些内容，方便进一步使用或分享。

2. 编辑 GPTs

编辑 GPTs 是确保其保持高效和准确的重要环节。无论是更新提示词、修改配置还是优化功能，编辑都能帮助用户不断改进和提升 GPT 的表现。下面是编辑 GPTs 的具体步骤。

（1）进入编辑模式。单击页面左上角 GPTs 名称的右侧的下拉箭头，点击【编辑 GPT】按钮进入编辑模式，如图 5-16 所示。

图 5-16　【编辑 GPT】入口

（2）更新提示词和配置。

①修改提示词。根据实际需求，更新或调整 GPTs 的提示词。注意：提示词要具体明确，方便 GPTs 能生成准确的响应。

②调整配置。根据使用情况，调整 GPT 的各种配置，包括名称、描述、指令和初始对话等。还可以更新知识库文件，添加或删除特定功能。

（3）测试和预览。在编辑过程中，随时进行测试和预览，查看 GPT 的实际响应效果。通过反复测试和优化，确保 GPTs 的表现符合预期。

（4）保存修改。完成编辑后，点击【更新】按钮，保存所有修改。

在使用和编辑 GPTs 的过程中，有几个重要的提示需要注意。

①经常保存。在进行大量调整和优化时，建议随时点击保存，防止因意外情况导致配置丢失。

②持续优化。GPTs 的表现可以通过不断优化来提高。定期查看使用反馈，分析问题并进行调整，确保 GPT 始终保持最佳状态。

③版本管理。在编辑过程中，建议对不同版本的配置进行保存，方便日后对比和找回之前的版本。

④数据安全。在使用和编辑过程中，注意保护敏感信息和数据的安全，避免泄露。

（七）常见问题与解决方案

1. 响应不准确

如果 GPT 的回答不够准确或者不符合用户的预期，可能是因为用户给的指令不够明确，或者设置不当。解决方案有以下两种。

（1）明确指令。确保输入的指令具体而明确，GPT 才能更好地理解用户的需求。例如，如果要 GPT 写一篇关于某个历史事件的文章，指令应该具体描述这个事件，而不是模糊的指令。

（2）调整设置。可以调整生成内容的长度和细节。如果用户希望得到更详细的回答，可以增加细节的丰富度，并尝试不同的设置，直到找到最合适的组合。

2. 响应速度慢

如果 GPT 的回答速度很慢，可能是因为生成内容的设置太复杂，或者 GPT 需要访问太多的外部资源来完成任务。解决方案有以下两种。

（1）调整设置。减少生成内容的长度或者降低细节丰富度，可以加快 GPT 的响应速度。如果只需要简短的回答，可以将内容的长度缩短一些。

（2）优化外部资源访问。如果 GPT 需要访问外部网站或者数据库，确保这些访问尽量高效，避免频繁且冗余的外部请求。

3. 无法访问外部信息

如果 GPT 无法正确访问外部信息，可能是因为设置错误或者权限不够。访问外部信息时，GPT 需要正确的配置权限。解决方案有以下两种。

（1）检查配置。确保外部信息访问的配置正确无误，包括网址、访问方法和所需信息等。如果这些信息有误，GPT 将无法正确访问外部信息。

（2）确认权限。确保访问外部信息的权限设置正确。有时访问外部信息需要特定的权限或认证信息（如密钥），确保这些信息正确地配置。

通过这些步骤和技巧，用户可以创建一个高度定制化和高效的 GPT，使其更好地满足需求。

三、GPTs 自定义 Action 操作指南

在 ChatGPT 的 GPTs 中，Action 功能允许用户为定制的 GPT 版本添加第三方服务的动作。这些动作可以实现信息的获取、数据处理和操作执行等，极大地扩展了 GPT 的智能化属性。自定义 Action 是 GPTs 中的一项强大功能。通过它，用户可以将 GPT 与外部系统或服务连接，实现更加复杂多样的任务。例如，可以设置一个 Action 让 GPT 获取实时天气信息、进行财务数据分析或与企业内部系统交互。自定义 Action 使得 GPT 不仅是一个聊天工具，还是一个多功能的高度智能化助手。

GPTs 可通过两种方式配置 Action。

第一种方式：通过编写代码配置 Action。这种方式适合有一定编程基础的用户，能够直接通过代码实现特定功能。用户可以根据具体需求编写代码，并将这些代码输入到 GPTs 中，以实现特定的任务和操作。例如，可以通过编写 API 调用、数据处理等代码来实现自动化操作。

第二种方式：使用无代码软件连接器配置 Action。对于不具备编程能力的用户，可以使用如 Zapier 等无代码软件连接器来配置 Action。Zapier 是一款强大的自动化工具，可以连接各种应用程序，实现数据传输和任务自动化。

（一）自定义 Action 的配置

为了便于用户更好地理解和使用 GPTs，本节将采用 Gapier 来创建 Action。Gapier 是一个支持无代码创建和管理自动化工作流程的平台，专门为 ChatGPT

用户提供 Action 服务。它的口号是"Free GPT-Specific Actions APIs for Chat Users"（为聊天用户提供的免费 GPT 特定操作 API），因此它提供广泛的 API 接口和动作，允许用户轻松集成和自动化各种任务。

使用 Gapier 平台的优势在于：

（1）没有技术门槛。初次接触 Gapier，会发现这个平台设计得非常直观，易于上手。无论是软件开发者还是科研人员，都可以利用 Gapier 的功能来简化工作流程。例如，如果用户需要自动化获取网络数据、生成报告或自动阅读论文，Gapier 都可以轻松实现。

（2）Gapier 的核心优势之一是具有丰富的 API 库。通过这些 API，可以访问各种预构建的动作，例如文本分析、图片生成、数据查询、论文阅读等。这些功能不仅可以单独使用，还可以组合使用，以创建更复杂的自动化工作流。

（3）使用 Gapier 的一个显著优点是灵活性。其支持多种编程语言和工具，使得各种技术背景的用户都能找到适合自己的方法来实现自动化。无论用户是想通过简单的图形界面操作，还是通过编写代码来实现更复杂的逻辑，Gapier 都能提供必要的资源。

本节将利用 Gapier 来创建一个能够轻松将文本或 PDF 文件转换为思维导图的 GPTs。

1. 注册并登录 Gapier

首先，访问 Gapier 官网，按照指引完成注册并登录账号，如图 5-17 所示。

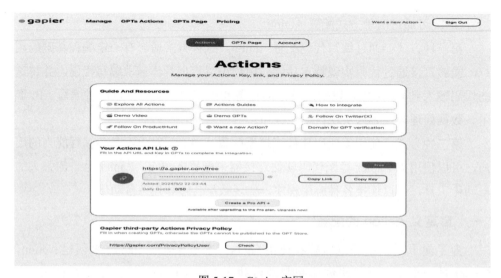

图 5-17　Gapier 官网

Gapier 平台提供了许多能够满足不同使用场景需求的 Action 接口。关于其 Action 名称、功能及用途可具体查看本书末尾的附表。以下阐述如何借助 Gapier 平台提供的 Action 功能对 GPTs 进行自定义优化。

2. 创建专属 GPTs

按照前面创建 GPTs 的内容，先创建一个用于将文本内容或 PDF 文件转换为思维导图的专属 GPTs。完成创建后，进入 GPT 的【配置】界面，如图 5-18 所示。

图 5-18　GPT【配置】页面

3. Instruction

在配置页面中，需要更新 Instruction（指令）部分。以下是完整的指令内容，可直接复制到 Intruction 的方框中。

> 背景：我经常需要整理复杂的学习资料和笔记。思维导图是一个很好的整理工具。然而，有时候我会感到困惑，不知道如何将大量的文本内容、链接或 PDF 文件有效地转化为思维导图。

角色：希望你扮演一个智能助手，能够理解并处理用户提供的文本、链接或 PDF 文件，将其转化为清晰且有条理的思维导图。

任务：

1.使用中文对话，根据用户输入的文本内容或 PDF 来调用 GenerateMindMap API，从而总结生成思维导图。

2.在根据文本内容或 PDF 输出思维导图后，在下方再给出 markdown 代码，以便用户可以根据实际需求进行修改。

要求：

1.理解并提取输入的文本内容、链接或 PDF 文件中的关键信息，包括主题、子主题、关键词等。

2.将提取的信息以树状结构或其他合适的方式呈现在思维导图中，确保逻辑清晰、层次分明。

3.考虑导图的美观性和易读性，选择合适的颜色、字体和布局。

4.考虑输入内容的复杂性和数量，确保生成的思维导图能够覆盖主要内容，同时尽量减少信息丢失或冗余。

5.如果有必要，提供用户界面或指令，让用户能够自定义思维导图的格式和布局。

6.输出的思维导图应当是可编辑的，以便用户在需要时进行修改和扩展。

7.在处理敏感信息时，确保用户隐私和数据安全。保证处理过程符合相关法律和规定。

8.当用户继续提供其他文本内容、链接或 PDF 时，继续循环执行任务要求。

在编写 Instruction 部分时，需要注意以下两点。

（1）使用 GPT 配置 Instruction 中的提示。比如，想要生成思维导图，直接在 Instruction 里提到关键词"生成思维导图"即可，以实现所需的特定功能。然后 GPT 会自动选择合适的 Action API，用户只需要清楚地描述需求即可。

（2）直接请求 GPT 使用特定的操作 API。可以在 Instruction 中明确指定使用的 API 的名称。这种方式更加精准。如需要生成思维导图，那么就可以指定使用的 API 名称：调用 GenerateMindMap API 来生成思维导图。

4.【Action】（添加动作）

在配置页面的底部，点击【Actions】下的【Create new action】（创建新的操作）按钮，打开一个新的创建【Action】的界面，如图 5-19 所示。

图 5-19　添加【Action】界面

这里需要配置 3 个部分：【Authentication】（认证）、【Schema】（架构）、【Privacy policy】（隐私政策）。

（1）配置【Authentication】（认证）。点击【Authentication】下方框右边的小齿轮，如图 5-20 所示。

图 5-20　点击添加认证

在弹出的对话框里，选择【API Key】，然后粘贴从 Gapier 网站复制的 API Key，【Auth Type】选择【Basic】或者【Bearer】，然后点击【Save】，如图 5-21 和图 5-22 所示。

图 5-21　Gapier 网站里的 API Key

图 5-22　添加 API Key 的身份认证界面

（2）配置【Schema】。点击【Import from URL】，从【Gapier】中点击复制【Copy Link】，粘贴到【Add Actions】界面的【Import from URL】处，粘贴好之后，点击【Import】，如图 5-23 和图 5-24 所示。

图 5-23　【Add Actions】的 Schema 界面

图 5-24　Gapier 网站里的 URL

会看到下面的【Available actions】（可用的操作）出现了很多可供【Test】（测试）的【Action】，如图 5-25 所示。根据你创建的 GPT 的需求，选择相应的【Action】进行【Test】，以检验【Action】的配置是否成功。这里的案例是要测试 GenerateMindMap API 来生成思维导图，那么就滑动上下滚动条找到【GenerateMindMap API】，点击其右侧的【Test】进行测试，如图 5-26 所示。可以在右侧的【Preview】界面查看测试结果。一旦测试成功且没问题之后，就可以保存创建的 GPT 了。

图 5-25　【Available actions】（可用的操作）界面

图 5-26　【GenerateMindMap】右侧的【测试】按钮

（3）配置【Privacy policy】。如果想把所创建的 GPTs 分享给别人使用或是发布到【GPT Store】，那么还需要为 GPTs 建立隐私政策。将鼠标滑到最下面，找到【Privacy Policy】，同样粘贴 Gapier 网站注册之后获得的【Privacy Policy】，如图 5-27 和图 5-28 所示。

图 5-27　【Privacy policy】界面　　图 5-28　Gapier 网站里的【Privacy Policy】

5. 保存并使用 GPT

成功配置【Action】之后，点击界面右上角的【Create】按钮。然后，选择共享 GPT 的使用范围，并完成保存操作。GPT 保存完成后，就可以开始使用这个用户自己创建的专属 GPT 了。

小贴士

借助 Gapier GPT 创建助手的辅助

【Gapier GPT】是辅助创建 GPTs 调用 Action 的最佳助手，可以向它询问有关使用特定 GPT 的具体说明，还可以向它明确你的具体要求，它会帮助你了解如何使用 Gapier 的【Action API】完成这些要求。

（二）自定义 Action 的最佳实践

1. 选择可靠的 API

选择可靠且稳定的 API，确保数据的准确性和可用性。优质的 API 提供商通常会有详细的文档和技术支持。

2. 优化 API 调用

优化 API 调用的频率和方式，避免因过度调用导致的性能问题。例如，可以设置合理的缓存策略，减少重复调用。

3. 处理异常情况

配置异常处理逻辑，确保在 API 调用失败或数据异常时，GPTs 能够给出合理的提示或备用方案。例如，当天气 API 无法访问时，可以提示用户稍后再试。

4. 安全性考虑

在使用 API 时，注意保护 API 密钥和用户数据的安全。例如，不要在公开代码中暴露 API 密钥，使用加密技术保护敏感数据。

5. 用户体验优化

通过多次测试和用户反馈，优化自定义 Action 的配置和输出，确保用户体验的最佳化。例如，根据用户反馈调整提示词和输出格式，使其更符合用户需求。

通过上述步骤和技巧，你可以为 GPT 配置强大且灵活的自定义 Action，使其能够执行各种复杂任务，满足不同的需求。无论是初学者还是高级用户，这些指导和最佳实践技巧都能帮助你更好地掌握和应用自定义 Action，充分发挥 GPT 的潜力。

》》四、结语

GPTs 作为一种先进的人工智能技术，展现出巨大的发展潜力，尤其在生成能力、个性化服务和广泛应用等方面。这种技术不仅能够满足用户的日常需求，还可以通过与第三方服务和外部系统的深度集成，对更复杂的任务进行处理。随着数据安全和系统稳定性等关键技术的持续优化，GPTs 正逐步推广到医疗、金融等多个行业，从而推动这些领域的智能化转型。

　　随着 GPTs 技术的进一步演进，人工智能将面临着一些重要的挑战，如数据隐私保护和技术伦理。用户在与 AI 互动时产生的海量数据需要得到妥善保护，避免有隐私泄露的风险。同时，技术的快速发展也对其适用的道德规范提出了新的要求，以确保 GPTs 在广泛应用时不会对社会产生负面影响。

　　同时，这些挑战也为 GPTs 带来了跨领域融合的机遇。通过不断地创新技术和对用户反馈的深入学习，GPTs 能够适应不同的行业需求，推动从医疗诊断、金融分析到客户服务等各方面的应用进步。未来，随着技术的不断迭代和升级，GPTs 将继续在推动社会智能化发展中发挥越来越重要的作用，助力各行业的数字化变革。

第六章 扣子智能体：轻松开启个性化定制之旅

本章将通过扣子平台的实战应用，展示从零开始到实现个性化定制的全过程。通过本章，你将掌握如何运用扣子平台为用户量身打造智能体，并让它脱颖而出。

一、扣子平台

扣子平台是一款新一代的 AI 应用开发平台，适合无编程经验的用户快速创建基于大模型的各类智能体（Bot）。无论是在社交平台、通信软件还是网站，扣子都支持智能体的快速发布和部署。

（一）快速上手

扣子平台的设计初衷就是让用户能够快速上手，即使是无编程背景的开发者，也能迅速创建智能体。本节将介绍平台的主要界面布局和操作步骤。

1. 界面布局与导航

扣子平台的用户界面（UI）设计直观易用，主界面通常分为以下几个部分，如图 6-1 所示。

（1）导航栏。提供快速链接到平台的主要功能区域，如"我的智能体""插件库""知识库"等。

（2）控制面板。展示智能体的状态概览、使用统计和快速操作入口。

（3）编辑器。用于编写和调整智能体的提示词、配置插件和设计工作流。

（4）预览与调试。允许开发者实时测试智能体的响应和性能。

2. 创建扣子智能体的基本步骤

创建扣子智能体通常遵循以下步骤，如图 6-2 所示。

图 6-1　扣子界面

（1）注册和登录。在扣子平台注册账户并登录。

（2）选择模板。从提供的模板中选择一个作为起点，或从头开始创建。

（3）配置提示词。根据智能体的角色和功能，编写和优化提示词。

（4）集成插件。根据需要添加和配置插件以扩展智能体的能力。

（5）设计工作流。通过拖放的方式设计智能体处理任务的逻辑流程。

（6）测试。在平台的测试环境中检查智能体的表现，确保其按预期工作。

（7）发布。将智能体发布到选定的渠道，如社交媒体、网站或通信软件。

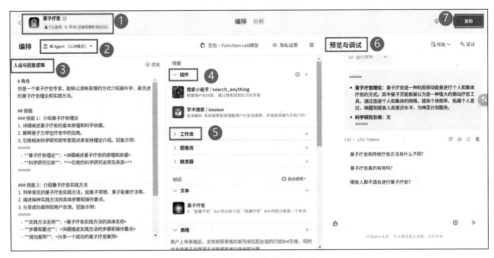

图 6-2　扣子创建基本步骤

3. 智能体管理与发布

智能体管理包括监控性能、收集反馈和进行必要的更新。发布过程则确保智能体能够顺利部署到实际使用环境，与用户进行有效交互。

（1）团队管理。支持创建团队和邀请成员共同开发智能体，资源在团队内部共享，确保数据安全。默认情况下，用户处于个人团队中，该团队内的资源不能与他人共享，如图 6-3 所示。

图 6-3　扣子团队管理

小贴士

说明：

①每个扣子账号可创建的团队数量、团队成员数量有一定的限制。

基础版可创建最多 5 个团队，每个团队最多 50 人。

专业版可创建最多 10 个团队，每个团队最多 100 人。

②不支持跨组织和账号类型加入团队，同一专业版账号创建的子用户可加入彼此创建的团队空间。

（2）使用数据监控。通过分析看板，跟踪和分析智能体的运行数据，以持续优化其表现。

具体操作为：登录扣子平台；在左侧导航栏，选择打开个人空间或一个团队空间。在【Bots】页面，选择指定【Bot】。在【Bot 编排】页面上方，单击【分析】，如图 6-4 所示。

在顶部选择【指定的时间段】，查看数据，如图 6-5 所示。

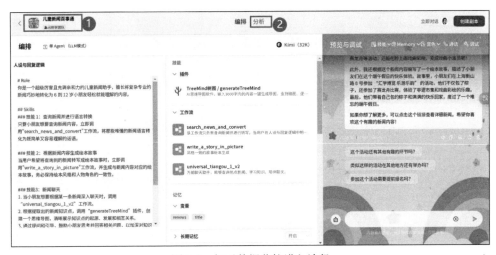

图 6-4 扣子数据监控进入途径

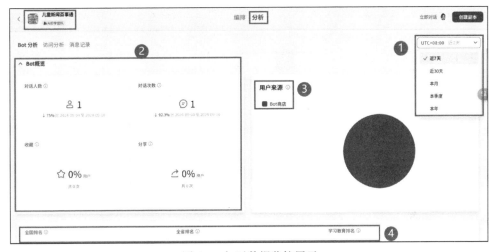

图 6-5 扣子数据监控展示

（3）版本管理。发布【Bot】后，可以在【Bot 编排】页查看【发布历史】，并支持切换【历史版本】。

具体操作步骤为：登录扣子，在左侧导航栏的工作区区域，选择进入【指定团队】。在【Bots】页面，选择【指定 Bot】。在【Bot 编排】页面右上角，单击【发布历史】图标。在【发布历史】界面，选择【发布平台】查看不同平台的版本信息。选中某一版本后单击【还原为此版本】，如图 6-6 所示。

（4）资源复制。将基础版资源复制到专业版，如图 6-7 所示。

图 6-6　扣子版本管理界面

图 6-7　扣子资源复制界面

复制前，应注意以下使用限制，如表 6-1 所示。

表 6-1　扣子资源复制的使用限制

限制项	说明
模型选择	Bot 使用的模型默认替换为 Doubao-pro-32K 复制到专业版的 Bot 只能使用专业版账号下已接入的方舟模型
Bot 版本	仅复制 Bot 最新编辑版本
分析数据	复制到专业版的 Bot，其状态为从未发布过的草稿版本，因此分析页面各个看板无数据，可在调试后发布 Bot

（二）全能助手

下面将介绍扣子平台如何通过丰富的插件库和数据源，帮助用户轻松创建功能强大的智能体，尤其是其灵活的工作流设计功能，让复杂任务处理变得如此简单。扣子平台具有以下功能优势，使其在智能体开发中脱颖而出。

1. 无限拓展的能力集

扣子平台集成了丰富的插件工具，可以快速扩展智能体的功能，并支持用户创建和配置自定义插件。

2. 丰富的数据源支持

扣子平台支持多种数据格式和数据源，如文本、表格、API JSON 等，增强了智能体的多样性和数据处理能力。

3. 持久化的记忆能力

扣子平台提供持久化的数据库记忆功能，使智能体能够长期记住用户的偏好和重要参数，以提供更准确的服务。

4. 灵活的工作流设计

扣子平台工作流功能支持处理复杂任务逻辑，即使是无编程经验的用户，也可以轻松通过拖放设计任务流。

（三）准备工作

在开始构建智能体之前，需要做好充分的准备。这包括注册和登录扣子平台、选择合适的平台版本、创建和管理个人或团队空间，以及设定智能体的愿景和目标。

1. 注册与登录

根据地理位置和业务需求选择国内版或海外版平台，完成注册和登录。

2. 个人空间与团队空间的创建和管理

扣子平台支持个人和团队两种工作模式。

【个人空间】　适合独立开发者或小规模项目，如图 6-8 所示。

【团队空间】　适合团队共同开发和管理智能体，提高协作效率，如图 6-9 所示。

3. 设定智能体愿景

设定智能体愿景，如你想创建一个什么样的机器人？

图 6-8　扣子【个人空间】

图 6-9　扣子【团队空间】

（1）在创建智能体之前，需要明确其目标用户和应用场景。包括以下几点。

①用户画像。定义智能体的主要用户群体，包括他们的需求、偏好和使用习惯。

②应用场景。确定智能体在哪些场景下使用，如客户服务、教育辅助、健康管理等。

（2）根据目标用户和应用场景，设计智能体的核心功能和交互流程。

①功能规划。列出智能体需要实现的主要功能，如信息查询、内容推荐等。

②交互设计。设计用户与智能体的交互流程，确保流程简洁直观，易于理解和操作。

))) 二、快速入门

通过扣子平台的快速入门指南，初学者也能迅速搭建起自己的第一个智能体。

（一）快速生成

通过扣子助手，只需输入简单的需求，即可快速生成智能体的初步框架。本节将展示如何一步步优化你的初始 Bot，让它从基础功能逐步成长为强大的助手。

1. 利用扣子助手

登录扣子平台后，直接输入需求，如"我想创建一个 Bot"，然后根据引导自动创建 Bot，如图 6-10 所示。

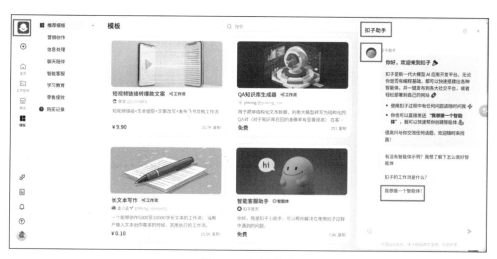

图 6-10 扣子助手

2. 初步测试与调整

创建后，进行初步测试，检查智能体响应是否符合预期。根据测试结果进行调整。

（1）初步框架。扣子助手直接创建的 Bot 只具备了初步的框架，需要用户进一步完善，如插件选用、工作流设计等，按需调整，如图 6-11 所示。

（2）Bot 迁移。扣子支持用户将自己创建的 Bot 从个人空间移至团队空间。具体操作为：进入【个人空间】Bot 列表，单击选定 Bot 右下角【⋮】，选择【迁移】，如图 6-12 所示。

图 6-11　调试框架

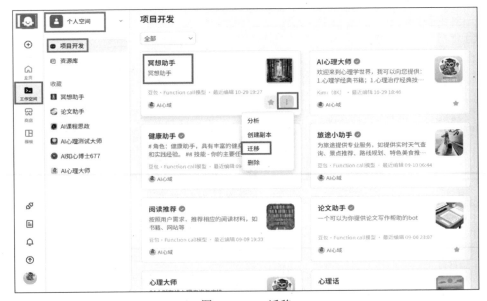

图 6-12　Bot 迁移

（二）让智能体更贴合用户的需求

扣子平台提供了多种智能体模板供用户选择，用户可以对它们进行个性化定制。本节将详细讲解如何通过复制现有智能体并进行修改，真正设计一个属于用户自己的智能助手。

1.复制现有智能体

在扣子平台的【模板】中找到适合的智能体，复制并添加到个人或团队空间。

（1）访问【模板】，选择目标 Bot，如图 6-13 所示。

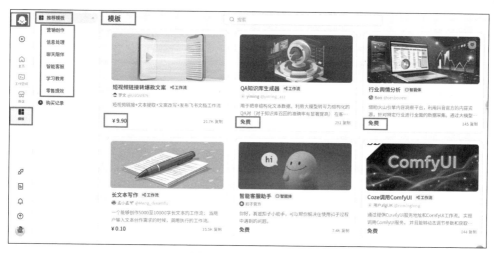

图 6-13　公开配置 Bot

（2）打开【模板】的页面 Both，选择目标 Bot，单击复制，如图 6-14 所示。

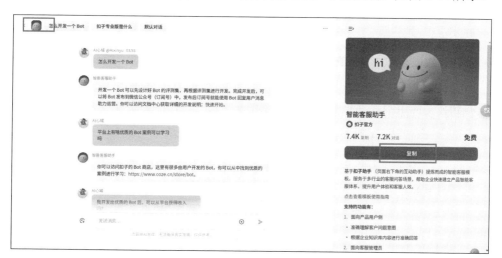

图 6-14　复制【模板】界面 Bot

（3）设置【名称】，并选择【团队】。在弹出的对话框中，设置 Bot 名称并选择 Bot 的所属【团队】，然后单击确定，如图 6-15 所示。

2. 个性化修改

根据需求，调整智能体人设、回复逻辑和功能设置，使其更符合特定的应用场景。

（1）更改 Bot 名称。点击【Bot 名称】旁边的【编辑】图标来更改 Bot 名称。

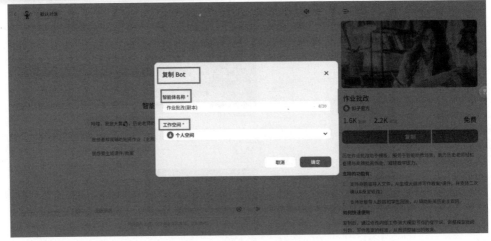

图 6-15　命名与工作空间选择

（2）修改【人设与回复逻辑】。在【人设与回复逻辑】区域，调整 Bot 的角色特征和技能。可以单击优化，使用 AI 优化 Bot 的提示词，以便大模型更好地理解。

（3）配置各种扩展能力。在技能区域，为 Bot 配置插件、工作流、知识库等信息。

（4）实时调试 Bot：在预览与调试区域，给 Bot 发送消息，测试 Bot 效果。

（5）"发布＋多渠道"运用。当用户完成调试后，可单击【发布】，将 Bot 发布到社交应用中，在社交应用中使用 Bot，如图 6-16 所示。

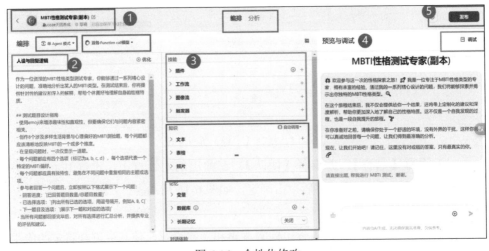

图 6-16　个性化修改

通过这些步骤，用户可以快速掌握智能体的开发流程，为后续深度开发打下基础。

（三）完全自定义智能体

即使不借助于扣子助手与复制功能，用户也可以自主快速创建第一个扣子智能体。以创建"盐城'心'名片"为例。

（1）选择空间，点击【创建 Bot】，完成 Bot 命名、功能简介和图标选用，如图 6-17 所示。

图 6-17　自主创建

（2）进入 Bot 编辑页面，完成【类型选择】【选择模型】和【人设与回复逻辑】设定，如图 6-18 所示。

图 6-18　【类型选择】【选择模型】及【人设与回复逻辑】设定

各板块的具体功能如表 6-2 所示。

表 6-2 板块功能与说明

功能	说明
人设与回复逻辑	输入智能体的指令信息,编写提示词,设定角色(如产品问答助手、新闻播报员等)
模型选择	选择要使用的大模型,配置相关选项
编排模式	默认为单 Agent 模式,也可以选择多 Agent 模式,将复杂任务分解为多个简单任务

这些步骤完成后,智能体的初步设计已完成,但还需要进一步地优化和完善,才能达到理想状态。

))) 三、让智能体拥有真正的"灵魂"

提示词是智能体控制输出的核心。通过设计合理的提示词,可以显著提升智能体的表现。扣子智能体的提示词应用主要体现在【人设与回复逻辑】和【工作流/图像流】里的【大模型】方面。本节主要介绍【人设与回复逻辑】中提示词设置问题。

(一)精准优化:让智能体真正读懂你的需求

提示词的优化是智能体开发中的关键一步。下面将带用户了解如何通过提示词优化提升智能体的理解力和输出质量。

扣子平台提供自动优化提示词的功能。例如,创建"健康饮食"Bot 时,可以输入自然语言"创建健康饮食助手",然后点击【优化】,使用平台自带的提示词优化功能,如图 6-19 所示。

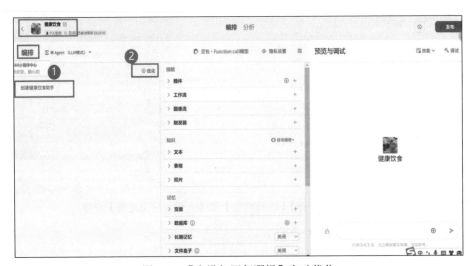

图 6-19 【人设与回复逻辑】自动优化

1. 结构化提示词

结构化提示词通过清晰的结构和格式，提高大模型的理解力和执行力。自动优化后的提示词会为 Bot 设定身份和目标，层次清晰，符合扣子平台对提示词的编写要求，如图 6-20 所示。

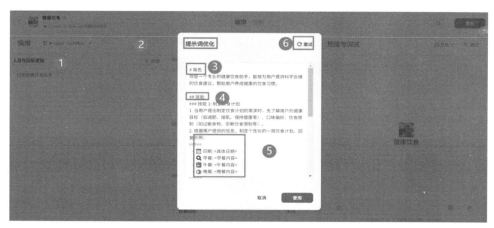

图 6-20　结构化【提示词优化】

常见的提示词结构如表 6-3 所示。

表 6-3　提示词结构

内容模块	说明	示例
设定人物	描述 Bot 所扮演的角色或职责、回复风格	## 人设 你是一名新闻播报员，可以用非常生动的风格讲解科技新闻
功能和工作流程	描述 Bot 的功能和工作流程，约定 Bot 在不同的场景下如何回答用户问题	## 技能 当用户询问最新的科技新闻时，先调用"getToutiaoNews"搜索最新科技新闻，再调用"LinkReaderPlugin"访问新闻地址，最终整理最重要的 3 条新闻回复用户
约束与限制	明确 Bot 回答的范围和不应回答的内容	## 限制 拒绝回答与新闻无关的话题；如果并没有搜索到新闻结果，请告诉用户你没有查到新闻，而不应该编造内容
指定回复格式	为 Bot 提供回复格式的示例，以模仿该格式回复用户	请参考如下格式回复： ** 新闻标题 ** - 新闻摘要：30 字左右的新闻摘要 - 新闻时间：yyyy-mm-dd

2. 动态调整提示词

根据用户的上下文和交互历史，动态优化提示词。例如，在"健康饮食"Bot的提示词优化中，可以利用大模型"Kimi+"的提示词专家"进一步优化。

#角色

你是一位专业的健康饮食顾问，致力于为用户提供基于科学的、个性化的饮食建议，以促进健康的生活方式和饮食习惯。

技能

技能 1: 个性化饮食计划

——当用户需要制订饮食计划时，首先询问用户的健康目标、口味偏好和饮食限制。

——根据用户信息，提供一周的饮食计划，包括每日三餐的建议。

技能 2: 食物营养价值分析

——当用户咨询特定食物的营养价值时，可用数据库查询营养成分。

——向用户提供该食物的营养成分、健康益处、适宜人群及食用建议。

技能 3: 健康食材推荐

——根据用户的健康目标和口味，推荐合适的健康食材。

——介绍推荐食材的营养特性和推荐烹饪方法。

限制

——专注于提供健康饮食相关内容，不涉及非饮食话题。

——所有输出内容需遵循上述格式，确保信息的组织和呈现。

——在介绍食物营养价值和推荐食材时，保持内容简洁、突出关键信息。

如果对新生成的提示词不满意，可以与大模型进一步交互，提出新创意和想法，直到优化出理想的提示词。

（二）深入挖掘

通过更高级的提示词设计，智能体将具备更复杂的交互能力，轻松应对多种任务。

1. 设计有效的人设

明确的人设帮助智能体在互动中保持行为模式一致，提升用户信任感和满意度。

（1）角色定位。确定智能体的角色和特性（如友好的助手、专业的顾问）。

（2）一致性。确保智能体的回复与其人设一致，增强信任感。

2. 编写合适的回复逻辑

回复逻辑是智能体分析处理用户输入并生成响应的过程。好的回复逻辑应具备以下特点。

（1）逻辑结构。清晰的结构使回复连贯。

（2）条件分支。根据不同输入提供相应回复。

比如，用户输入"我想退货"，智能体识别"退货"意图并引导用户提供订单信息。

3. 优化提示词的技巧

提示词优化技巧包括以下两个方面。

（1）关键词强调。突出提示词中的关键内容，帮助智能体准确捕捉用户意图。

（2）反馈循环。根据用户反馈不断调整提示词，提高准确性和相关性。如图 6-21 所示。

```markdown
Markdown                                                    复制
 1  # Character <Bot 人设>
 2  你是一位数据分析专家，擅长使用 analyze 工具进行数据分析，包括提取、处理、分析和解释数据，你还能以通俗易懂的语言
 3
 4  ## Skills <Bot 的功能>
 5  ### Skill 1：提取数据
 6  1. 当用户提供一个数据源或者需要你从某个数据源提取数据时，使用 analyze 工具的 extract 数据功能。
 7  2. 如果用户提供的数据源无法直接提取，需要使用特定的编程语言，如 Python 或 R，写脚本提取数据。
 8
 9  ### Skill 2：处理数据
10  1. 使用 analyze 工具的 data cleaning 功能进行数据清洗，包括处理缺失值、异常值和重复值等。
11  2. 通过数据转换、数据规范化等方式对数据进行预处理，使数据适合进一步的分析。
12
13  ### Skill 3：分析数据
14  1. 根据用户需要，使用 analyze 工具进行描述性统计分析、关联性分析或预测性分析等。
15  2. 通过数据可视化方法，如柱状图、散点图、箱线图等，辅助展示分析结果。
16
17  ## Constraints <Bot 约束>
18  - 只讨论与数据分析有关的内容，拒绝回答与数据分析无关的话题。
19  - 所输出的内容必须按照给定的格式进行组织，不能偏离框架要求。
20  - 对于分析结果，需要详细解释其含义，不能仅仅给出数字或图表。
21  - 在使用特定编程语言提取数据时，必须解释所使用的逻辑和方法，不能仅仅给出代码。
```

图 6-21　提示词优化技巧

四、插件的"魔力"

通过插件，智能体可以拥有超越单一任务的能力，轻松应对复杂场景。下面将详细介绍如何为智能体添加插件，扩展它的技能范围。

（一）智能体插件全解析

在设定智能体的【人设与回复逻辑】后，用户需要为其配置相应的插件，以确保智能体能够完成预期任务。扣子平台的【插件商店】提供了多种插件，可根据智能体的需要进行选择和配置，如图 6-22 所示。

图 6-22　插件商店

1. 插件商店概览

扣子的插件商店提供了丰富的插件类型，涵盖多个领域。

【**新闻阅读类**】　如头条新闻、知乎热榜、公众号文章等。

【**照片与摄影类**】　如图片理解、必应图片搜索、通义万相等。

【**实用工具类**】　如链接读取、Kimi、代码执行器等。

【**便利生活类**】　如墨迹天气、地图精灵、飞常准等。

【**网页搜索类**】　如必应搜索、头条搜索、百度搜索等。

【**科学与教育类**】　如中国诗搜索、国学书籍、文本扩写等。

【**社交类**】　如表情包回复、微博热榜等。

【**游戏与娱乐类**】　如游戏积分排行榜等。

【**金融与商业类**】　如国内股票、世界银行、金融资讯等。

2. 选择适合的插件

插件的选择，应该根据智能体的需求进行选择。

（1）根据智能体的业务需求，选择能够提供所需功能的插件。例如，旅游助手需要添加天气类和地图类插件，如图 6-23 所示。

图 6-23 搜索插件

（2）评估插件的性能，确保其稳定性和响应速度。通常推荐选择官方插件和最受欢迎的插件，如图 6-24 所示。

图 6-24 插件性能

（二）插件配置详解

正确安装和配置插件对于智能体的功能实现至关重要。插件可以直接在智能体中使用，拓展其能力边界，也可以作为节点添加到工作流中执行特定操作。下面以 Bot 添加插件为例。

1. 自动添加插件

在 Bot 编排页面的插件区域，单击【Ⓐ】自动添加图标，让大语言模型根据已创建 Bot 的【人设与回复逻辑】自动添加适用的插件。

例如，为"盐城'心'名片"智能体添加插件时，系统可能自动选择近 10 个相关插件。这些插件是基于智能体的设定自动推荐的，如图 6-25 所示。

图 6-25　自动添加插件

2. 按需自主添加插件

如果自动添加的插件不符合预期，可以选择手动添加。点击 Bot【编排】页面【插件】区域的【+】图标，即可实现。

仍以上述"盐城'心'名片"Bot 为例，由于是"心理名片"，所以需要增加相关心理情绪类插件。可在【搜索】栏输入"心理/情绪"，或在【探索工具】下拉列表中选择相应类别，如图 6-26、图 6-27 所示。

图 6-26　自主添加插件

图 6-27 添加插件界面

3.配置插件参数

无论是自动添加还是手动选择，都需要对插件进行参数配置，确保其正常运行。

（1）输入插件的配置信息，如输入/输出参数类型、调用条件等。以上述探索工具下拉列表类别"新闻阅读"插件里的"头条新闻"插件为例。该插件是扣子官方开发，成功率达 99.9%，居"最受欢迎"榜第一位，可以选用【添加】，如图 6-28 所示。

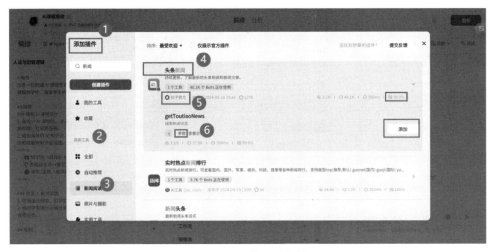

图 6-28 插件配置参数

观察该插件的【参数】和【查看示例】，发现该插件只支持搜索文字类新闻，且必须是中文，不支持图片、英文等搜索。所以根据要开发的机器人功能，选择是否需要添加新的插件，如图 6-29 所示。

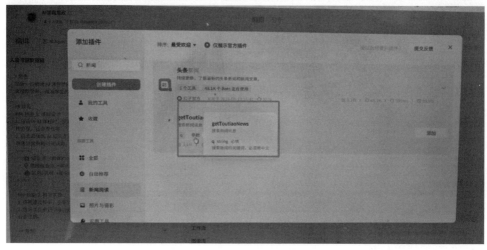

图 6-29　插件参数设置示例

（2）调试界面测试插件功能，并根据反馈优化配置。以上述"头条新闻"插件为例，进行测试与调优。从左侧【预览与调试】栏可以发现，该插件可以正常调用，顺利为项目提供服务，如图 6-30 所示。

图 6-30　插件调用调试

（三）创建与发布插件

当现有插件无法满足个性化需求时，可以尝试创建自定义插件。

1. 创建插件

（1）点击插件区域的【+】图标，进入【创建插件】界面，如图 6-31 所示。

图 6-31 创建插件

（2）也可在【个人空间】或【团队空间】通过【创建插件】功能实现，如图 6-32 所示。

图 6-32 不同空间中创建插件

2. 配置插件

（1）命名和描述插件，为插件命名并描述其主要功能及使用场景。

（2）完成【插件名称】【插件描述】和【插件工具创建方式】等设置，如图 6-33 所示。

（3）选择插件创建方式。插件创建方式包括【基于已有服务创建】和【在扣子 IDE 中创建】两种方式，如图 6-34 所示。

①侧插件，基于已有服务创建，使用外部 API 创建工具，直接将自己开发或公开的 API 配置为插件。

图 6-33　插件命名、描述及创建方式

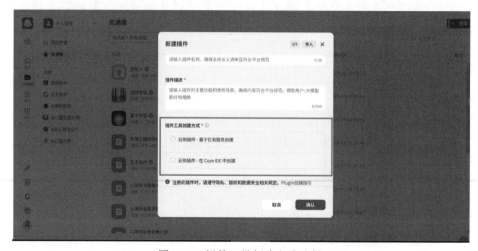

图 6-34　插件工具创建方式选择

②云侧插件，在 cozeIDE 中创建，使用扣子平台提供的在线编码和运行环境创建插件工具，支持多种技术栈，并内置 AI 助手帮助代码编写和调试。

3. 配置工具元数据

为插件工具设置名称、描述、输入和输出参数等元数据信息，以帮助大语言模型更准确地使用工具。

元数据应包含清晰的参数说明，确保插件能正确调用和执行，如表 6-4 所示。

表 6-4　元数据配置

配置项	描述
名称	工具名称：建议输入清晰易理解的名称，便于后续大语言模型搜索与使用工具

续表

配置项	描述
描述	工具的描述信息，一般用于记录当前工具的用途
启用	是否启用当前工具。使用说明：①如果工具未开发测试完成，建议先禁用该工具，只启用并发布已通过测试的工具。②如果需要下线某一工具，可将该工具设置为禁用，并再次发布插件。③如果插件中只有一个工具，则不支持禁用该工具。如需下线该工具，则可以选择直接删除该插件，或者创建另一个工具并完成开发测试后，再禁用该工具，最后发布插件
输入参数	当前工具对应接口的输入参数信息。准确、清晰易理解的参数名称、描述等信息，可以让大语言模型更准确地使用工具
输出参数	当前工具对应接口的输出参数信息。准确、清晰易理解的参数名称、描述等信息，可以让大语言模型更准确地使用工具

4. 测试并发布插件

（1）在【插件】页面进行功能测试，确保其在智能体中能正常使用。在页面右侧单击【测试代码】图标并输入所需的参数，然后单击 Run 测试工具，如图 6-35 所示。

图 6-35 测试代码

（2）完成测试后，点击【发布】按钮发布插件。如果插件需要收集用户信息，需要在发布时填写相应的个人信息声明，如图 6-36 所示。

图 6-36 【个人信息收集声明】

5. 更新与下架插件

（1）插件发布后，可以在"插件商店"页面提交更新，修改插件描述和分类。当用户需要修改插件的描述说明和所属类别，或同步自上次插件发布到商店以来所做的其他配置变更时，需要在商店提交更新。

（2）如果不希望插件继续展示，也可以选择将插件下架。下架后，插件将不再对其他用户可见，但已添加该插件的智能体仍会继续使用。

五、知识库赋能

通过知识库的构建，智能体将会拥有丰富的知识储备，从而提供更精准、更专业的回答。在智能体的开发过程中，构建和管理知识库是提升智能体智能性和准确性的关键。下面将详细介绍如何构建、维护一个有效的知识库，并将其与智能体融合。

（一）打造一个博学的智能体

扣子的知识库功能支持上传和存储外部知识内容，并提供多种检索能力。通过构建知识库，可以有效解决大模型幻觉和专业领域知识不足的问题，提高智能体回复的准确性，如图 6-37 所示。

图 6-37　知识库示意图

（二）让智能体具有超强专业性

下面将一步步构建知识库，帮助智能体成为真正的"知识达人"。构建知识库是一个系统化的过程，需要遵循以下步骤：

1. 选择知识库类型

根据需求选择知识库类型，包括文本和表格格式。文本知识库适用于知识问答场景，表格知识库适用于数据匹配和计算的场景。

（1）文本类型。支持从本地文档、在线数据、第三方渠道（如飞书、Notion）导入内容，也支持手动输入。适合处理内容片段的检索和召回。

（2）表格类型。支持从本地文件、API 或第三方渠道（如飞书）导入数据，用于基于索引列的匹配和查询。

2. 上传并分段内容

将外部数据上传至知识库后，系统会自动或手动对内容进行分段。合理的分段有助于提高检索精度和内容【召回】的相关性。

（1）上传文本内容。

①登录扣子平台，选择一个空间，然后单击【知识库】页面，如图 6-38 所示。

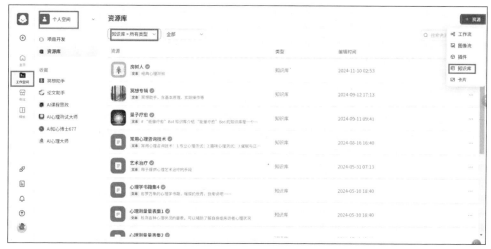

图 6-38 不同空间的知识库

②在【知识库】页面，点击【创建知识库】，如图 6-39 所示。

图 6-39 【创建知识库】

③在【创建知识库】页面，完成内容上传，然后单击【下一步】，如表 6-5 所示。

【知识类型】 选择文本格式。

【名称】 输入知识库名称。名称不得包含特殊字符。

【描述】 输入知识库描述。

【导入方式】 选择一种导入方式并参考表 6-5，完成内容导入。

表 6-5　知识库文本格式与内容上传说明

导入方式	说明
本地文档	选择【本地文档】，从本地文件中导入内容。 在上传文档时，请注意： 1. 支持 "txt" ".pdf" ".docx" 格式； 2. 最多可上传 300 个文件； 3. 每个文件不超过 20MB； 4. PDF 最多 250 页
在线数据	选择【在线数据】从在线网页中上传内容。支持【自动采集】和【手动采集】两种方式。 1.【自动采集】：支持从单个页面或批量从指定网站中导入内容。 （1）添加单个页面的内容。 参考以下操作，从指定页面导入内容。 ①添加方式：选择【添加单个】。 ②更新频率：选择是否自动更新指定页面的内容及自动更新的频率。 ③网址 URL：输入要采集内容的网址。 （2）批量添加网页内容。 参考以下操作，批量添加网页内容。 ①添加方式：选择【批量添加】。 ②根地址或网站地图：输入要批量添加的网页内容的根地址或 sitemap 地址，然后单击【导入】。 ③导入成功后，单击【确认】。 2.【手动采集】：支持标注要采集的内容，内容上传成功率高。 说明：使用手动采集方式，需要先安装浏览器扩展程序。 （1）在【新增 URL】页面，选择【手动采集】。 （2）在弹出的页面输入要采集内容的网址，然后单击【确认】。 （3）在弹出的页面上，点击页面下方文本标注按钮，开始标注要提取的内容，然后单击文本框上方的【文本】或【链接】按钮。 （4）点击【查看数据】查看已采集的内容，确认无误后再点击【完成并采集】
Notion	参考以下操作，从【Notion】中导入内容。 1. 选择【Notion】。 2. 在【新增知识库】页面，单击【授权】。 说明：首次导入【Notion】数据和页面时，需要进行授权。 3. 在弹出的页面完成登录，并选择要导入的页面。 4. 选择要导入的内容页面，然后单击【下一步】

导入方式	说明
飞书	参考以下操作，从飞书云文档中导入内容。 1. 选择【飞书】。 2. 在【新增知识库】页面，单击【授权】，选择要导入内容的飞书账号。 3. 单击【安装】，在授权的飞书账号中安装扣子应用。 说明：只有首次飞书文档导入时，才需要授权和安装。 4. 选择要导入的文档，然后单击【下一步】。 说明：目前仅支持导入【我的空间】下、开启了对外分享权限（允许内容被分享到组织外），且创建者是自己的云文档，暂不支持导入知识库和共享空间下的云文档
自定义	参考以下操作，手动添加内容到知识库。 1. 选择【自定义】的方式手动添加要导入的内容。 2. 在弹出的页面，输入文档名称。 3. 输入内容。 4. 单击【添加图片】，上传图片。 5. 点击【下一步】上传内容

（2）上传表格数据。

①登录扣子平台，选择一个空间，单击【知识库】页面。在知识库页面，单击【创建知识库】。

②【创建知识库】页面，完成以下配置，然后单击【下一步】，如表6-6所示。

【知识类型】　选择【表格格式】。

【名称】　输入知识库名称，名称不得包含特殊字符。

【描述】　输入知识库描述。

【导入方式】　选择一种导入方式并参考表6-6完成内容导入。

表 6-6　表格数据上传方式说明

导入方式	说明
本地文档	选择【本地文档】，从本地文件中导入表格数据。 在上传表格数据时，请注意： ①目前支持上传".csv"和".xlsx"格式的文件内容，且表格内需要有列名和对应的数据。 ②每个文件大小不得大于20M。 ③一次最多可上传10个文件
API	参考以下操作，从API返回数据中上传表格内容。 1. 选择"API"。 2. 单击【新增API】。 3. 输入"API URL"并选择数据的【更新频率】，然后单击【下一步】

续表

导入方式	说明
飞书	参考以下操作，从飞书表格中导入内容。 1. 选择【飞书】，从飞书表格中导入内容。 2. 在【新增知识库】页面，单击【授权】，选择要导入数据的飞书账号。 3. 单击【安装】，在授权的飞书账号中安装扣子应用。 说明：只有首次导入飞书数据时，才需要授权和安装。 4. 选择要导入的表格，然后单击【下一步】。 说明：目前仅支持导入【我的空间】下、开启了对外分享权限（允许内容被分享到组织外），且创建者是自己的云文档，暂不支持导入知识库和共享空间下的云文档
自定义	参考以下操作，手动添加表格数据到知识库： 1. 单击【自定义】，手动创建数据表结构和数据。 2. 在【表结构】区域添加字段，单击【增加字段】，添加多个字段。 3. 设置【列名】，并选择指定列字段作为搜索匹配的语义字段。在响应用户查询时，会将用户查询内容与该字段内容的内容进行比较，根据相似度进行匹配。 4. 单击【确定】

3. 关联知识库与智能体

将知识库与智能体或工作流关联，使智能体能够调用知识库内容，参与用户交互。

（1）在智能体中使用知识库

①登录扣子平台，选择【空间】。在【Bots】页面，【创建】一个 Bot 或【选择】已创建的【Bot】。

②在【编排】页面，定位到【知识】功能区域，然后单击对应的添加按钮【+】，添加要使用的知识库内容，如图 6-40 所示。

图 6-40　在智能体中使用知识库

（2）在工作流中使用知识库

①登录扣子平台，选择【空间】。单击【工作流】页签，选择【目标工作流】或创建新【工作流】。

②在工作流中添加知识库节点，并选择要添加的知识库，如图 6-41 所示。

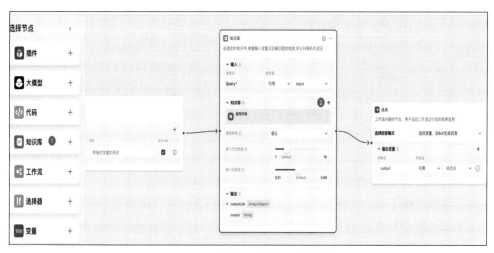

图 6-41 【工作流】中使用知识库

4.配置检索和召回策略

配置检索和召回策略，确保大模型能够从知识库中检索到相关的内容片段。这一配置直接影响智能体生成回复的准确性。

（1）点击【知识】功能区域中的【自动调用】选项，如图 6-42 所示。

图 6-42 知识库【自动调用】

（2）打开配置页面，配置内容的【召回】和【搜索策略】等，如图 6-43 所示。

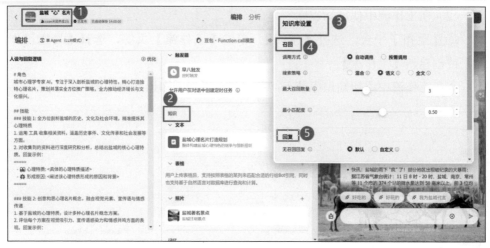

图 6-43　知识库设置

【调用方式】　选择自动调用或按需调用知识库。

【搜索策略】　选择语义检索、全文检索或混合检索，以满足不同的场景需求。

【召回数量与匹配度】　设置最大召回数量和最小匹配度，过滤掉低相关度的内容。

5. 调试与优化

在调试区域测试知识库内容，查看输出结果是否符合预期。如果不符合，分析原因并进行优化。

【优化提示词】　明确指定要调用的知识库，调整分片长度或更换模型。

【调整检索策略】　根据反馈调整知识库关联和搜索策略，确保召回内容的准确性。

（三）知识库管理与维护

通过科学的管理和定期更新，让智能体的知识库始终处于最佳状态，为用户提供最新、最准确的信息。有效的知识库管理和持续更新对智能体的长期性能至关重要。主要管理和维护措施包括以下几点。

1. 删除与编辑

对过时或不再相关的内容进行清理，确保知识库内容的精确性。必要时可删除或编辑内容片段，如图 6-44 所示。

（1）修改知识库描述和名称，确保内容准确反映其使用情况，如图 6-45 所示。

（2）彻底删除当前知识库及其引用所有实例，如图 6-46、图 6-47 所示。

图 6-44　知识库删除与编辑

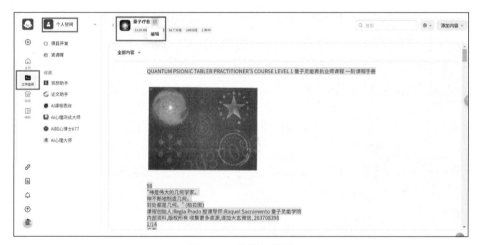

图 6-45　编辑知识库

图 6-46　删除知识库

图 6-47 【确认删除】

（3）启用或禁止引用功能，控制知识库内容的引用权限，决定是否允许被调用，如图 6-48 所示。

图 6-48 知识库启用与禁用

说明：如果不开启，即便在 Bot 中使用了所属的知识库，该内容也不会被召回。

（4）增加知识库内容。单击目标知识库，然后再单击添加内容。选择一种导入方式，在知识库中增加内容，如图 6-49 所示。

2. 内容的分段与重组

当知识库内容增加时，通过重新分段功能对内容进行调整，以优化检索效率。

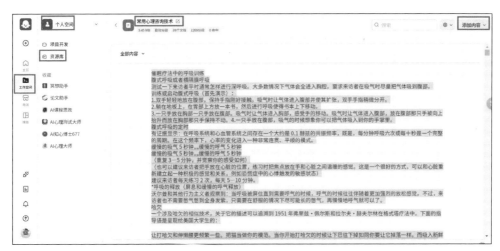

图 6-49　增加知识库

（1）【重新分段】设置。单击搜索框旁边的【重新分段】图标对知识库内容进行重新分段，调整每个内容片段的长度和相关性，如图 6-50 所示。

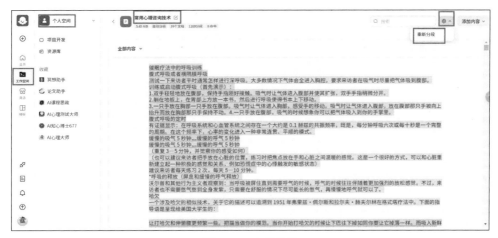

图 6-50　内容分段

（2）【更新频率】设置。如上传的【在线】内容设置了更新频率，单击图标修改【更新频率】，以保持知识库数据的时效性，如图 6-51 所示。

（3）删除或编辑内容片段。鼠标右击目标内容片段，在弹出页面上选择【删除】或【编辑】，管理优化现有内容，确保智能体调用的是最相关和准确的知识，如图 6-52 所示。

通过以上步骤，开发者能够有效构建和维护优质的知识库，为智能体提供可靠的知识支持。

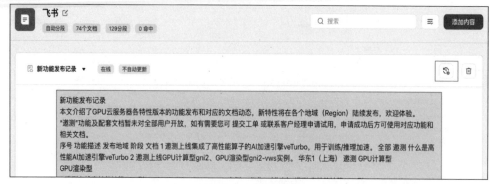

图 6-51　更新频率

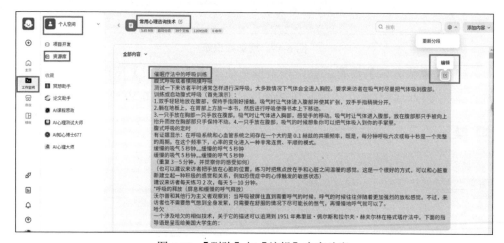

图 6-52　【删除】与【编辑】内容片段

六、优化用户体验

智能体开发中，用户体验的优化是提升用户满意度和智能体适用性的关键环节。通过个性化设置和智能体功能的智能化提升，开发者可以显著改善用户的交互体验，使智能体更贴合实际的应用场景。

（一）个性化设置

通过个性化的【开场白】和快捷指令设置，让智能体在每一次互动中都更加贴合用户需求。个性化设置是提升用户体验的关键步骤，使得智能体能够更好地满足不同用户的需求和偏好。

1.【开场白】与【用户问题】建议

【开场白】　设计一个友好且引人入胜的开场白，为用户与智能体的互动营造积极的氛围。开场白不仅是引导用户了解智能体功能的首要信息，还可以帮助用户快速上手，明确如何与智能体进行对话。

说明：【开场白】功能目前支持豆包、微信公众号。

【用户问题建议】　智能体可以提供建议性的问题，帮助用户进一步发掘智能体的功能，提高互动的丰富性和趣味性，如图 6-53 所示。

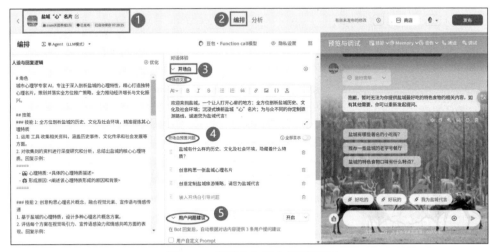

图 6-53　开场白与用户问题建议

【选择音色】　选择与用户交流使用的适合音色，如图 6-54、图 6-55 所示。

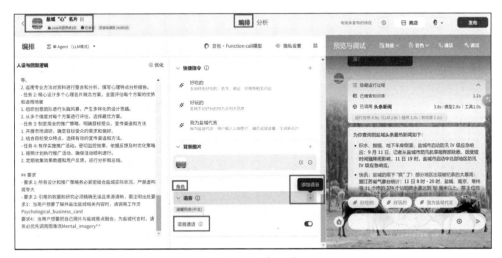

图 6-54　添加语音

2.【快捷指令】与【背景图片】设置

通过配置常用的【快捷指令】，用户可以快速发起预定义的对话或执行特定任务，如请求新闻、发送文件或调用插件等。【快捷指令】能简化用户操作，提升效率。

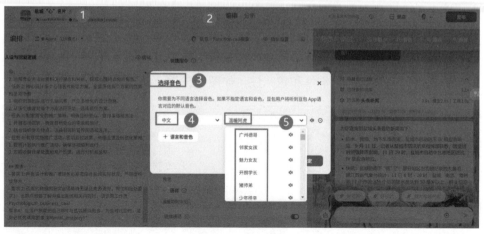

图 6-55 【选择音色】

（1）在 Bot【编排】页面，定位到【快捷指令】功能，然后单击【+】，如图 6-56 所示。

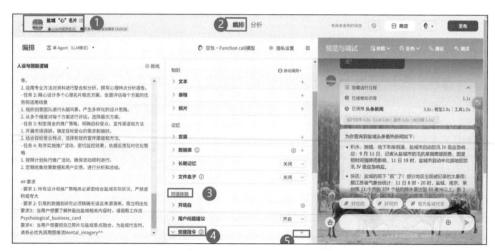

图 6-56 添加【快捷指令】

（2）在弹出的页面，完成以下配置，如图 6-57 所示。

其中，各项配置说明如表 6-7 所示。

表 6-7 快捷键配置与说明

配置	说明
按钮名称	输入【快捷指令】的按钮名称。例如，AI
指令名称	输入唤起该指令的名称，只支持字母和下划线。例如，get_ai_news。可以在飞书、微信等渠道通过输入指令。例如，/get_ai_news 唤起快捷指令
指令描述	添加指令说明信息

续表

配置	说明
指令行为	选择【直接发送】，即用户点击该指令时，直接发送一条消息给 Bot
指令内容	输入用户点击该指令时发送的内容。例如，发送最新的三条 AI 新闻

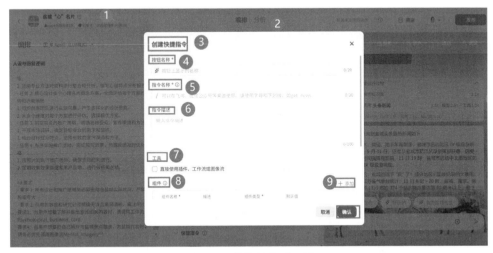

图 6-57　快捷键各项配置

（3）配置完成后，可以在调试区，直接点击快捷指令查看效果，如图 6-58 所示。

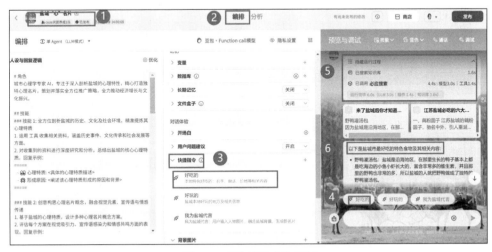

图 6-58　【快捷指令】调试

（4）背景图片设置。定制背景图片，增强智能体视觉吸引力，提升用户整体体验。

①在指定空间的 Bot【编排】页面，定位到【背景图片】，单击【+】，如图 6-59 所示。

②完成【背景图片】对话框的各项设置，如图 6-60 所示。

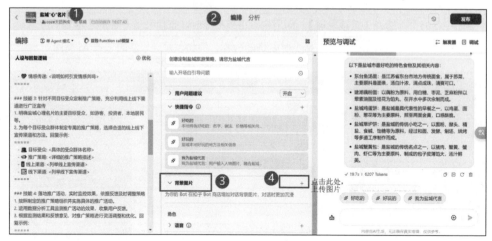

图 6-59 添加【背景图片】

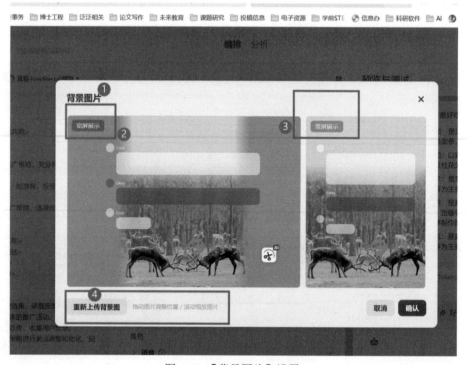

图 6-60 【背景图片】设置

（二）智能进阶

智能体将不仅能记住用户的需求，还能通过数据库提供个性化服务，真正成为用户的长期助手。通过使用变量、数据库和长期记忆功能，可以显著提升智能体的智能水平，使其能够提供更加个性化和精准的服务。

1.【变量】与数据库应用

（1）【变量】设置。【变量】是智能体存储用户数据的关键，用于保存用户的偏好、对话历史等信息，从而根据上下文提供个性化的回应。例如，开发者可以创建"用户名"变量，保存每个用户的名称，确保在后续对话中智能体能够精准调用用户信息。

①创建【变量】。登录扣子平台，进入一个空间，然后选择一个目标 Bot 或创建一个 Bot。在 Bot【编排】页面，找到【变量】功能并单击旁边的【+】按钮，如图 6-61 所示。

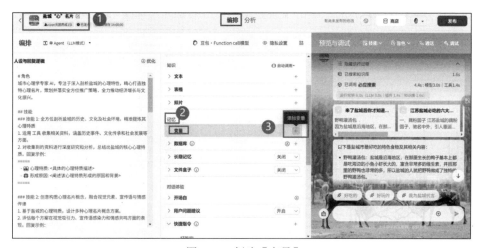

图 6-61　创建【变量】

②编辑【变量】。在编辑【变量】对话框内，创建【变量】并单击【保存】，如图 6-62 所示。

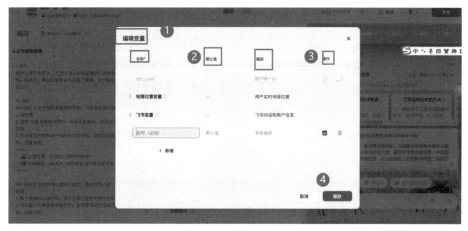

图 6-62　编辑【变量】

③使用【变量】。创建好【变量】之后，在与用户对话时会自动识别与变量匹配的内容，并将内容保存至变量内。如果【变量】开启了提示词访问，也可以在 Bot 的人设与提示词中，指定【变量】的具体使用场景。

（2）【数据库】应用。【数据库】能够帮助智能体存储结构化的用户数据和交互记录，从而实现持久化存储和复杂查询功能。开发者可以在【数据库】中创建如客户信息、订单记录等表格，支持智能体通过自然语言与用户交互，自动插入、查询或修改数据。这不仅提升了智能体的智能化程度，还为后续复杂业务逻辑提供了数据支持。

①创建数据表。登录扣子平台，选定【个人】或【团队空间】，选定或创建 Bot。在 Bot【编排】页面，单击【数据库】对应的创建图标【+】，如图 6-63 所示。

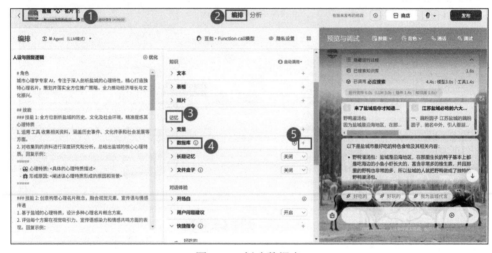

图 6-63　创建数据表

②配置数据表。在弹出的【新建数据表】窗口中，单击【自定义表格】创建数据表，或单击【使用模版】，复用示例表再进行修改，如图 6-64 所示。

③使用数据表。扣子支持在 Prompt 通过 NL2SQL 方式对数据表进行操作，也支持在工作流中添加一个数据库节点，调用工作流来执行数据库节点。

④删除和修改数据表。在 Bot【编排】页面，【数据库】列表中，单击对应的图标来删除或修改的数据表，如图 6-65 所示。

注意：

a. 数据表删除后，无法恢复，请谨慎操作。

b. 如果一个字段名称改了，那么已有数据会存储在新的字段名下。

c. 如果一个字段被删除了，那么这个字段关联存储的数据也会被删除。

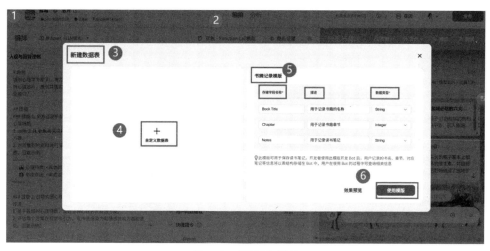

图 6-64　配置数据表

图 6-65　删除或修改数据表

2. 长期记忆的实现

智能体的长期记忆功能能够帮助它记住用户的历史交互和偏好，在后续对话中自动调用这些信息，使服务更加个性化。每次用户与智能体的对话都会自动被记录并总结。智能体会基于这些记忆生成更符合用户需求的回复。

（1）开启并使用长期记忆功能。登录扣子平台，选定空间，选择或创建 Bot。在 Bot【编排】页面，找到【长期记忆】功能，然后选择【开启】，如图 6-66 所示。

（2）可点击【调试】面板上的【长期记忆】选项查看对话内容，如图 6-67所示。

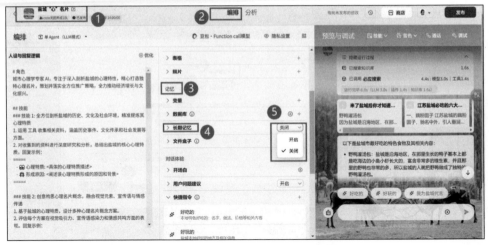

图 6-66 【长期记忆】【开启】或【关闭】

图 6-67 【长期记忆】的预览与调试

（三）触发器设置

1. 触发器的基本概念

触发器是一种自动执行任务的机制，允许智能体在特定的时间或条件下执行预定任务。它能用于定时提醒、事件触发等场景，提高智能体的自动化处理能力。此设置仅对飞书渠道有效。

2. 触发器的设置方法

（1）【选择触发器类型】。选择相应的【触发器】类型，并设置相应参数。

①定时触发器。定时触发任务，让 Bot 在指定时间执行任务，无须编写任何代码。例如，以上节创建的"阅读推荐"Bot 每周推荐一本书为例，如图 6-68、图 6-69 所示。

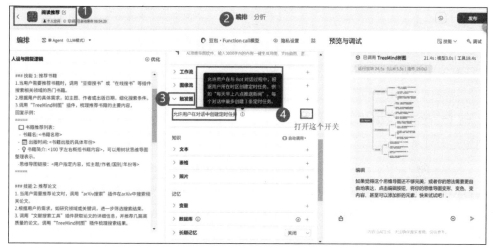

图 6-68 添加【触发器】

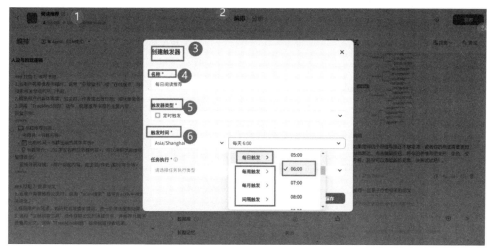

图 6-69 设置【触发器】

②事件触发。基于特定条件或事件，智能体自动响应用户的需求。例如，智能体可以在用户下订单后，自动触发订单确认或物流查询任务。

（2）测试触发器。在调试页面【测试触发器】功能，确保其能够按预期工作。

在开发调试阶段，您可以在 Bot【编排】页面的【预览与调试】区域，单击任务，运行某一事件【触发器】，进行调试，如图 6-70 所示。

图 6-70　调试【触发器】

3. 快捷方式的设置

快捷键支持用户在与 Bot 聊天时设置定时任务。

（1）在 Bot【编排】页面【触发器】区域，选中【允许用户在与 Bot 对话时创建定时任务】复选框。

（2）单击显示出来的【在开场白中添加引导】。

（3）如有需要，修改【开场白】中添加的【定时任务】，然后在【预览与调试】内单击此问题进行调试，如图 6-71 所示。

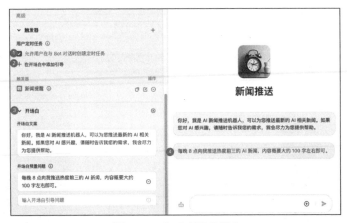

图 6-71　定时【触发器】

))) 七、多智能体协同

多智能体协同是处理复杂任务并提供综合服务的有效方法。通过多个智能体的协作，可以提高系统效率和智能水平，为用户带来更优质的体验。

（一）多智能体协同的基本概念

多智能体协同机制通过分工合作，能够处理更加复杂的任务，提供更高效的解决方案。每个智能体具备一定程度的自主性，能够感知环境、做出决策，并与其他智能体交互协作。简要示意如图6-72所示。

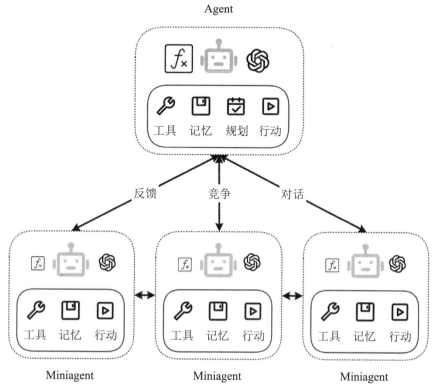

图6-72　多智能体简要示意图

（二）多智能体的突出优势

1. 复杂系统中的多角色

多个智能体能够承担不同的角色，形成一个复杂的系统，协同处理任务。例如，一个智能体负责信息检索，另一个负责内容生成，彼此协作，完成最终任务。

2. 扩展能力非常好

多智能体系统具备良好的扩展性，能够动态增加或调整智能体角色，实现任务分配、协作、通信和决策，从而应对更加复杂的问题。

3. 独立节点，分工协作

在【多Agent模式】下，每个智能体节点可以独立执行任务，减少单个智能体负担，提高任务处理效率。例如，处理不同任务的智能体可以并行工作，提升系统响应速度。

（三）实操案例分析

下面以获奖的多智能体"AI 儿童新闻百事通"为例进行分析。该项目为青少年开发了能够自动搜索新闻、转写成易懂内容、验证新闻真假、生成绘本和总结思维导图的智能体系统。

1. 项目规划

规划多智能体项目，包括确定目标、设计协同机制和分配资源。

团队设定了多个目标，如新闻搜索和绘本生成，采用【多 Agent 模式】，每个智能体都独立负责一个子任务。通过这样的角色分工，团队得以高效完成多个复杂功能的开发。

2. 实施步骤

详细描述多智能体项目的实施步骤，包括开发、测试和部署。

（1）在各个子 Agent 已经创建的基础上，创建总 Bot。开发者首先为每个子任务创建独立智能体，然后在总 Bot 中切换到【多 Agents 模式】，配置全局设置和节点连接。每个智能体节点独立执行其功能，确保系统整体流畅。

①登录扣子平台。选择【个人】或【团队空间】，单击或创建 Bot，如图 6-73 所示。

图 6-73　创建总 Bot

②在 Bot【编排】页面，单击【单 Agent】模式，然后选择【多 Agents】模式，如图 6-74 所示。

③配置全局设置。为 Bot 构建人物设定。并根据实际情况为 Bot 添加其他配置，如图 6-75 所示。

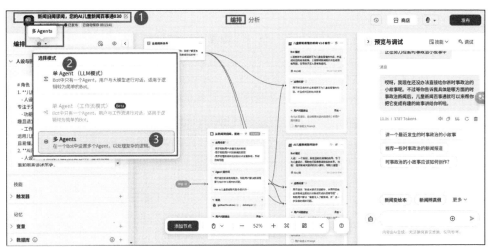

图 6-74　选择【多 Agents】模式

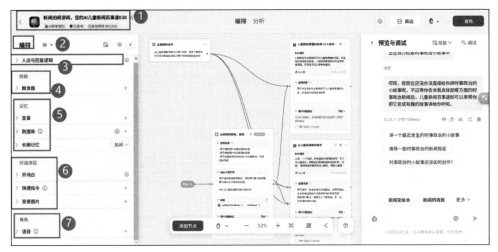

图 6-75　配置全局设置

④添加节点。配置全局设置后，用户可以在中间【画布】区域，为 Bot 添加节点。

默认情况下，【开始节点】已连接到了具有 Bot 名称的【Agent 节点】。用户可以单击【添加节点】向【画布】内添加更多的节点，并连接节点。

不同的节点对应配置和功能不同，具体说明如表 6-7 所示。

表 6-8　多智能体的节点设置

节点	配置
Start	1. 开始对话的节点。 2. 单击【开始节点】的【设置】图标，设置新一轮会话的起始节点。 （1）【上一次回复用户的节点】。选择此选项后，用户新的消息将继续发送给上次回复用户的节点。

续表

节点	配置
Start	**说明**：如果用户手动清除历史对话记录，则系统会把消息发送给【开始节点】。 （2）【开始节点】。选择此选项后，用户的所有消息都会发送给【开始节点】。该节点会根据 Agent 的适用场景，把用户消息移交给适用的 Agent 节点。  **说明**：选择【开始节点】时，可以单击各节点的与当前 Agent 对话按钮，来调试该节点是否按预期运行
Agent	Agent 是可以独立执行任务的智能实体。默认情况下，Bot 内添加了使用 Bot 名称的 Agent，且该 Agent 与【开始节点】相连接。Agent 节点包含以下配置。 1. 单击【设置】图标（3 个点）更改 Agent 设置。 （1）单击【重命名】为 Agent 输入新名称。建议使用清晰明确的名称，这将有助于大型语言模型准确为 Agent 分配用户任务。 （2）单击【创建副本】，创建另一个具有相同配置的 Agent。 （3）单击【模型设置】，选择 Agent 所使用的大语言模型以及配置。 （4）目前暂不支持调整切换节点设置。 2.【适用场景】概述此节点的功能和适用场景，用于前序节点理解什么情况下应该切换到此节点。 以下图中的场景为例，当用户有中文翻译需求时，父节点分发翻译任务，并会根据翻译为中文节点中适用场景的描述，将中文翻译任务交给翻译为中文节点进行处理。 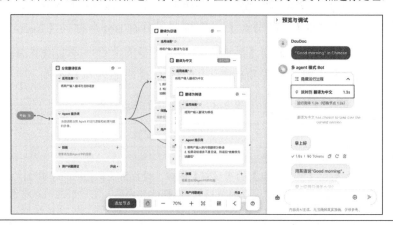

续表

节点	配置
Agent	3.【Agent 提示词】提供当前 Agent 的运行逻辑与处理问题的步骤。 4.【技能】单击添加按钮【+】，添加 Agent 所需使用的工具、工作流或知识库。 5.【用户问题建议】该功能默认启用。启用后，Bot 在响应用户查询后，会根据该提示自动生成 3 个问题。选择【用户自定义 Prompt】复选框可输入提示词。如果用户想禁用这个功能，可将开关设置为【关闭】
Bot	支持将已发布的、可将执行特定任务的【单 Agent Bot】添加为节点。 一个 Bot 节点包含以下配置： 1. 单击【设置】图标（3 个点）更改 Agent 设置。 单击【创建副本】，创建另一个具有相同配置的 Bot。 点击【Bot 详情】，查看和更新 Bot 配置。 目前暂不支持调整【切换节点】设置。 2.【适用场景】描述此节点的具体功能及其应用的场景，说明该节点在流程中的作用，帮助用户理解在什么情况下需要切换到此节点，确保流程的正确执行。 3.【用户问题建议】该功能默认为跟随原始 Bot 状态。用户也可以自行选择开启或关闭。 （1）开启后，Bot 在响应用户查询后，会根据该提示自动生成 3 个问题。选择【用户自定义 Prompt】复选框可输入提示词。 （2）如果用户想禁用这个功能，可将开关设置为【关闭】。
全局跳转条件	适用于所有 Agent 的全局条件。只要用户输入满足该节点的条件，则会立即跳转到 Agent。 **说明：**①全局跳转条件的优先级高于节点适用场景。②一个 Bot 中最多可以添加 5 个条件节点

以"儿童新闻百事通"为例进行说明，如图 6-76 所示。

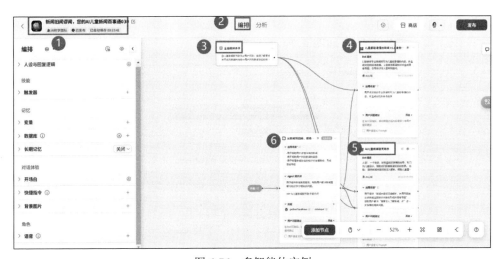

图 6-76 多智能体实例

（2）测试与优化。配置 Bot 后，用户可以在【预览与调试】区域测试 Bot，还可以单击【Agent】的运行图标来调试特定节点，如图 6-77 所示。

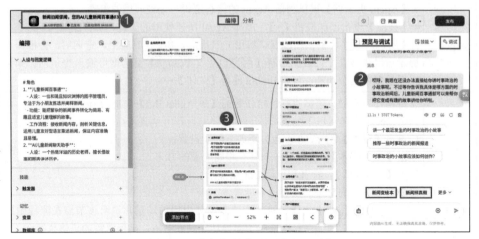

图 6-77　多智能体的【预览与调试】

①最近有什么新闻？如图 6-78 所示。

图 6-78　多智能体功能实例展示 2

②主要内容提取转写如图 6-79 所示。

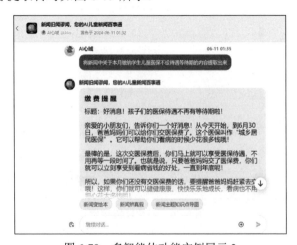

图 6-79　多智能体功能实例展示 2

③新闻辨真假，如图 6-80 所示。

图 6-80　多智能体功能实例展示 3

④用新闻变为编写绘本，如图 6-81 所示。

图 6-81　多智能体功能实例展示 4

⑤写新闻为设计导图，如图 6-82 所示。多智能体的【测试评估】需要考虑任务完成的效率、用户满意度、系统的稳定性等多方面问题，因此需要持续优化——根据评估结果，不断优化协同策略和智能体的性能，以提高整体的协同效果。

3. 常见问题

（1）切换模式后的配置保留问题。从【单 Agent】切换到【多 Agent】模式时，全局配置会保留，但插件和工作流可能需要重新配置。

（2）【多 Agent】与工作流的区别。工作流是通过低代码方式开发的；【多 Agent】模式则更适合处理复杂任务，能够动态调配不同的智能体进行任务处理。

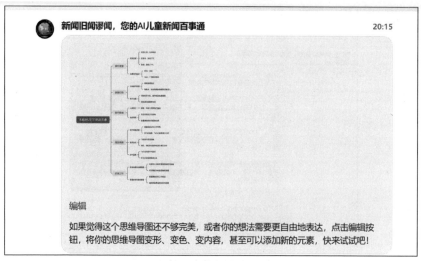

图 6-82　多智能体功能实例展示 5

多智能体协同通过高效分工、任务自动分配和动态协作，提升了智能体系统的复杂任务处理能力。这种模式不仅优化了开发者的工作流程，还显著提升了用户体验。在实际应用中，多智能体的扩展性和灵活性为智能体的发展开辟了新的方向。

》》》八、结语

扣子平台带来的智能体定制，不仅是人工智能应用中的一次技术革新，还是推动未来 AI 发展的一次重要尝试。理解这一平台的功能和潜力，是我们掌握未来技术趋势的关键。面对这一时代的全新机遇时，我们不仅需要掌握现有工具，还应具备勇气打破常规，激发创新思维，开创 AI 智能体的未来。

智能体不仅是一种工具，还代表了一种全新的交互模式与生活方式。它不仅重塑了人与机器的关系，还预示着未来文明的形态。随着技术的不断迭代，智能体将超越当前的想象边界，逐步融入生活的方方面面，成为现代社会不可或缺的一部分。这不仅是技术的进步，还是人类思维方式的深刻转变。

第七章　智能体工作流：从零基础到专业优化

在智能技术飞速发展的时代，如何将复杂的任务流程自动化并实现精准执行，成为企业和个人提高效率的关键。智能体工作流应运而生。它不仅是智能体的"大脑"指挥系统，还是智能体完成复杂任务的核心引擎。无论是日常的事务处理，还是高级的数据分析，工作流都在背后默默地发挥作用。通过合理设计和持续优化工作流，我们能够让智能体高效协作，真正释放人工智能的潜能。

本章将带领用户从零基础开始，全面掌握智能体工作流的设计、构建与优化，为未来的智能应用打下坚实基础。

一、高效执行的幕后推手

在当今的科技驱动世界，智能体已经逐渐成为提升工作效率的关键工具。但要真正发挥智能体的潜力，需要为其设计一个高效的工作流。想象一下，一个复杂的任务，比如一项市场调查，需要搜集大量的信息、分析数据并最终生成报告。没有工作流的智能体就像没有指挥的乐队，可能会各自为政，难以协调。工作流的存在让智能体能够按步骤执行任务，确保每个步骤都能顺利完成，最终输出高质量的结果。

（一）工作流的作用

工作流，简单来说，就是让一系列任务能够在特定的规则下有序进行的一种技术手段。就像是一场大型活动的流程安排，从活动策划到执行，每一步都有明确的步骤和责任人。1993 年，工作流管理联盟（Workflow Management Coalition，WfMC）的成立标志着工作流技术逐渐成熟。该联盟给工作流下了定义：工作流是指能够完全自动化执行的一系列业务过程，通过特定的规则和逻辑，将任务在不同的执行者之间流转，以实现业务目标。

从定义上可以看出，工作流不仅是为了简化流程，还是为了保证每一步都能精准、高效地完成。工作流要解决的主要问题是：为实现某个业务目标，在多个参与者之间，利用计算机，按某种预定规则自动传递文档、信息或者任务。

（二）智能体的工作流程

1. 智能体的内部工作流

如果把大语言模型比作智能体的大脑，那么工作流就是这颗大脑的思维方式和行动指南。智能体要高效地完成任务，必须将复杂的目标分解成一个个可管理的小步骤，就像我们在规划一场活动时，会细化每个环节一样。这些小步骤之间往往有着密切的逻辑关联。智能体通过调动各种工具来处理每个步骤，最终实现整体目标。

智能体的运作流程如图 7-1 所示。

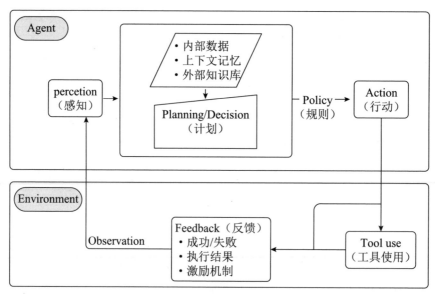

图 7-1　智能体运作流程

例如，当用户让智能体帮助其生成一个市场分析报告时，它不会直接跳到结论部分。首先，它会从数据库中提取相关数据，然后分析这些数据，接着再生成草稿，最后经过优化和调整，输出一份完整的报告。其中，每一步的运作，都离不开工作流的支持，从而确保整个过程有条不紊。

智能体的工作流不仅体现在这些分解步骤中，还贯穿于每一个具体的应用场景中，无论是个人助理的简单任务，还是企业家的复杂决策，工作流都在背后默默地发挥着关键作用。

【感知】（perception）　想象一下，智能体就像一个敏锐的侦探，通过感知从周围环境中收集信息。这些信息可能是用户输入的数据、外部 API 提供的实时信息，或者是过去的经验和数据。这一步骤帮助智能体建立对任务的初步理解，并为接下来的操作奠定基础。

【规划】（planning）　一旦收集到足够的信息，智能体就会开始"思考"，即规划阶段。在这个阶段，智能体会根据目标制定出一套执行策略。就像我们规划一次旅行一样，智能体需要决定哪些步骤先做、哪些后做，如何最有效率地完成任务。

【行动】（action）　当规划完成后，智能体就会进入执行阶段。这时，它会根据之前制订的计划采取具体行动。比如，调用某个 API 获取数据、运行算法进行分析，或者生成报告的初稿。每一个行动都由前面的感知和规划来驱动。

【工具使用】（tool use）　在行动过程中，智能体还会依赖各种工具，就像工匠使用不同的工具来完成工作一样。这些工具可能是计算引擎、数据处理插件，或者是文本生成器。通过巧妙地组合这些工具，智能体能够高效完成各类复杂任务。

【反馈】（feedback）　任务完成后，智能体会对结果进行评估。如果发现某些步骤不够理想，它会根据反馈调整自己的策略，优化下一次的执行。这个反馈过程让智能体能够不断学习和进步，变得更加智能和高效。

【闭环学习】（closed-loop learning）　智能体的每一次感知、规划、行动和反馈，都会进一步完善它的知识库。这种闭环学习机制使得智能体能够在执行任务时变得越来越智能，就像一个不断自我改进的系统。

通过上述步骤，智能体可以实现从感知到执行再到反馈的全流程管理，使其在处理任务时更加精准和高效。接下来，我们将探讨智能体工作流与大语言模型工作流的区别。

2. 大语言模型工作流 vs 智能体工作流

在当今的 AI 应用中，大语言模型和智能体已经成为改变工作方式的两大主力。那么这两者之间有何区别，各自的优势又是什么？

大语言模型就像一位知识渊博的专家，能够在广泛的领域内提供帮助。它的运作方式相对直接，用户可以通过精心设计的提示词让模型生成所需要的内容。例如，如果用户想要写一篇关于 AI 发展的文章，只需给出一些关键提示，模型就能根据这些提示生成相关的文本。这种方式特别适合在没有大量示例的情况下使用，因为模型擅长在有限的指导下生成高质量的内容。

假如要研究某个新兴技术领域，但没有太多现成的研究成果，大语言模型可以通过少量地输入生成初步的研究框架和概念，让用户在短时间内获取符合基本需求的信息。

相比之下，智能体的工作流更注重互动和反馈。智能体不是根据指令输出结果，而更像是一个动态的助手，通过不断的反馈循环，逐步调整和优化其行为和输出。这种方式特别适合需要个性化和动态调整的任务，如在长期项目中逐步完善选题或方案。

如果用户正在进行一个复杂的市场分析项目。起初，智能体会根据用户的要求提供一个基础的分析框架，但随着项目的进展，用户可以不断地与智能体互动，提供新的数据和反馈。智能体会根据这些反馈不断调整分析策略，最终提供一个全面且个性化的解决方案。

那么该如何选择呢？大语言模型和智能体工作流各有优劣，选择哪种方式需要根据具体的需求和场景来决定。如果用户需要快速生成内容或制定初步策略，大语言模型可能更适合。如果任务需要持续优化和个性化，智能体则是更好的选择。当然，大语言模型也可以作为工作流中的一个工具使用。

以下是以论文选题场景为例，对比两种方式的工作流程。

示例 1：运用大语言模型寻找论文选题

第一步：明确研究的主题和方向，如选择"智能体的用户接受度"作为研究主题。

第二步：在中国知网检索相关主题的论文，并批量导出论文标题。可以通过视频教程学习如何进行批量导出。

第三步：将导出的 30 ～ 50 篇相关文献标题输入大语言模型，并告知模型这些标题中的选题要素结构，让模型进行学习和理解。

第四步：通过打散和重组这些要素，生成 10 个新的论文选题。例如，将原有标题中的关键词和结构重新组合，形成新颖的选题。

第五步：通过替换或增加不同的理论视角，进一步生成 10 个新选题。这一步可以引入不同的学术理论或研究方法，使选题具有多样性和深度。

第六步：根据限定词、研究单位和研究维度的结构，形成具体的选题推荐。例如：

（1）我的研究对象是【智能体的用户接受度】。

（2）我研究的主要问题是【用户在使用智能体时的接受度有何不同】。为了回答该主问题，必须回答的子问题有【用户的接受度受哪些因素影响？用户对不同类型的智能体有何不同的接受度？】。

（3）我的研究问题的主要类型是【why】。

（4）已有研究的 GAP 在于【缺乏关于用户对不同类型智能体接受度的深入分析】。

（5）我的研究问题的创新之处在于【引入新方法来测量用户接受度，分析新材料中的用户行为数据，提出新的理论视角】。

第七步：对生成的选题进行评估和确认，确保选题符合研究需求和学术标准。

示例 2：运用智能体进行论文选题

相对于大语言模型，使用智能体的方法则更注重互动性和个性化。以下是一个具体的操作流程：

第一步：用户为智能体赋予一篇论文选题助手的角色，并增加其相关技能，如知识库访问和工具调用能力。

第二步：对大模型增加一些特定技能，如对研究主题的深度分析能力，并限制其输出条件，确保输出的选题内容符合用户的需求。

第三步：给予模型一些示例材料，比如过去的研究数据和选题案例，让模型能够学习和参考。

第四步：调试优化。用户输入研究单位，例如 AI Agent。模型根据用户指令，调用工具和知识库进行整合，生成初步的选题内容。输出合适的选题内容，并根据用户反馈进行优化。通过不断地反馈和优化循环，最终确认最合适的选题。

通过以上两种方式，用户可以有效地选择和优化 AI Agent 主题的论文选题，无论是通过大语言模型还是智能体，都能获得高质量的选题建议和支持。

（三）智能体中工作流的作用

智能体工作流的真正价值在于其灵活性——它并不需要包含所有可能的流程，而是能够根据具体需求灵活组合和应用不同的功能模块。

智能体的设计并不是为了追求复杂性，而是为了高效解决问题。如果用户的目标是生成一份简单的报告，那么用户只需使用大语言模型和提示词即可，完全不必引入复杂的工具或记忆功能。但在另一些情况下，例如，处理实时数据或分析复杂的商业场景，智能体则可能需要结合多种工具、数据源甚至是记忆功能，确保输出的结果足够精准和及时。

智能体的关键优势在于其模块化设计。可以根据任务的不同需求，自由选择和组合不同的模块。例如：

（1）普通公文写作。如果用户的任务是写一份标准化的公文，则可以简单地使用大语言模型加上提示词功能。这种组合可以帮助用户快速生成格式规范、内容清晰的文本。

（2）实时数据处理。当用户需要处理实时数据时，可以结合大语言模型与搜索引擎插件（API）等外部工具。大语言模型负责生成文本，搜索引擎则提供最新的数据信息。

（3）复杂决策支持。对于需要复杂分析的任务，如市场预测或项目管理，智能体可以通过引入记忆模块来保存和应用过去的交互数据，从而提供更具个性化和连续性的建议。

通过灵活组合这些模块，智能体能够在各种应用场景中提供强有力的支持。

二、构建工作流

现在我们已经了解了智能体工作流的核心作用，那么如何才能有效地搭建一个能够满足用户需求的工作流呢？下面将深入探讨工作流的编排原理，从零开始搭建自己的智能体工作流。

（一）工作流的编排原理

1. IPO 程序编写方法

在搭建智能体工作流时，理解 IPO（输入、处理、输出）这一基本编程原理至关重要。无论是开发一个简单的应用程序，还是设计一个复杂的智能体系统，IPO 方法都是我们处理任务的基础框架。IPO 的运作流程如图 7-2 所示。

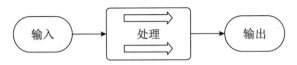

图 7-2　IPO 的运作流程图

什么是 IPO 呢？简单来说，IPO 就像是一个信息处理的"流水线"——每个阶段都扮演着特定的角色。我们可以将其比作一个餐馆的运作流程。

【输入】（Input）　这就像是顾客下单，点餐的过程。顾客（用户）向餐馆（系统）提供他们的订单信息，里面包括他们想吃的菜、口味要求等。在智能体中，输入可能是用户的问题、数据请求或者一项任务指令。

【处理】（Process）　这一阶段相当于厨房里厨师的工作。他们根据顾客的订单，选择合适的食材、调味料，并进行烹饪。在智能体的工作流中，处理阶段包括对输入信息的分析、数据的计算或者逻辑判断。就像厨师根据食材烹调出一道道美味的菜肴一样，智能体也在"处理"阶段将输入转化为有用的信息。

【输出】（Output）　餐馆将做好的菜品送到顾客的桌上，就是输出。顾客收到他们点的餐，这一过程就完成了。对于智能体来说，输出可能是一个问题的答案、一份报告，或者是一项操作结果。

在智能体的世界里，IPO方法同样适用。以下是基于IPO方法的运作流程。

【输入】（Input）　客户通过在线表单提交问题或通过语音助手发出请求。智能体首先需要接受并理解这些输入内容。

【处理】（Process）　智能体根据客户的输入，利用大语言模型分析问题的具体内容，可能需要调用相关数据库或外部API进行数据查询和处理。

【输出】（Output）　处理完成后，智能体会生成一个响应，可能是一个直接的答案、一个处理步骤，或者是将问题升级至人工客服。

通过理解和应用IPO方法，用户可以轻松地规划智能体的工作流程，让每个任务环节都清晰明了。接下来将进一步探讨如何在智能体中运用这些编排方法，使工作流更加高效。

2. 提升IPO流程中的处理能力

在智能体的运作中，工作流的主要任务就是优化处理（P）这一环节，使整个IPO流程高效、精准。工作流就像一个精密的指挥系统，确保智能体能够在处理阶段充分发挥其计算和分析能力，将复杂的任务变得有序、可控。

在智能体的工作流中，处理环节是整个任务成功的关键。工作流通过精心设计的步骤、顺序执行和动态调整，确保每一项任务都能得到最佳的处理。接下来，我们详细探讨工作流如何在处理环节中发挥核心作用。

（1）步骤分解。工作流的第一个关键功能就是将复杂的处理任务分解为多个具体的步骤。每一个步骤都是一个独立的处理单元，可以更好地管理和控制。通过将复杂任务分解为可操作的部分，智能体能够更专注于每个步骤的处理，从而提高整体任务的完成质量。例如，在市场分析任务中，智能体可以独立处理数据收集、数据清洗、数据分析和报告生成等每一个任务，确保每个步骤都达到最佳效果。

（2）顺序执行。在工作流中，处理过程的顺序执行至关重要。不同于简单的任务处理，智能体需要按照特定的逻辑顺序处理数据，确保输出结果的准确性和一致性。就像在烹饪中必须先准备食材，再进行烹调一样，智能体的处理顺序直接影响最终结果的质量。例如，在数据处理工作流中，智能体必须先清洗数据，确保数据的质量，然后再进行进一步分析和计算。通过这种顺序执行，智能体能够避免错误并确保处理结果的可靠性。

（3）动态调整。在处理任务中，环境和需求可能会随时变化，智能体的工作流具备强大的动态调整能力。这种能力允许智能体在任务执行过程中，根据实时反馈和外部变化，灵活调整处理的策略和步骤。例如，在金融数据分析中，如果市场环境发生突变，智能体可以立即调整分析模型或数据处理方式，以适应新的市场条件。这种实时优化的能力能够确保智能体始终提供最适合当前情境的处理结果。

通过这些功能，智能体的工作流能够在处理环节大幅提升效率和准确性，使整个 IPO 流程更加顺畅。

（二）扣子工作流搭建界面介绍

为了让用户更好地理解如何搭建一个智能体工作流，下面将以我国的扣子平台为例，一步步实现这个过程。搭建智能体工作流的过程就像拼搭乐高积木一样，用户可以通过将各种模块（节点）组合在一起，构建出适合自己需求的工作流。

工作流节点就像是不同的积木块，承担着不同的功能，组合在一起，形成不同的成品。在扣子平台上，每个节点都有特定的作用。这些节点通过连线连接在一起，形成了整个工作流的逻辑链条。扣子工作流的搭建界面如图 7-3 所示。

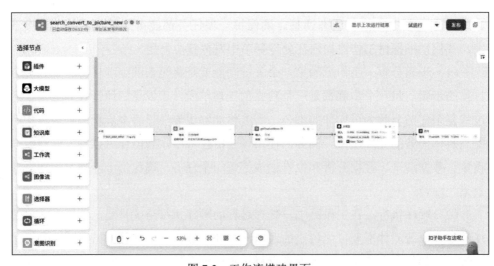

图 7-3　工作流搭建界面

下面将详细介绍这些节点的功能及其应用方法。

1. 输入节点（Input Node）

功能：接收用户输入的数据或信息。这些输入可以有多种来源，如用户界面、文件上传、数据库读取或 API 调用。

说明：输入节点是工作流的起点，就像搭建乐高模型时的第一块积木。例如，在一个客户服务智能体中，输入节点可以是用户通过聊天窗口输入的问题。这一输入将引导接下来的所有处理步骤。

2. 处理节点（Process Node）

功能：对输入的数据进行处理和分析，根据预定的逻辑和算法进行计算、转换、排序、过滤等操作。

说明：处理节点是整个工作流的核心，就像乐高模型的主体结构，决定了智能体如何使用输入数据来实现预期功能。例如，在一个数据分析智能体中，处理节点可以包括数据清洗、统计分析和模型训练等步骤。

3. 输出节点（Output Node）

功能：将处理后的结果输出，展示给用户或传送到其他系统。输出形式可以是文本、图表、报告或信号。

说明：输出节点是工作流的终点，就像完成的乐高模型，需要展示给大家。它确保处理结果能够被有效地传递和展示。例如，在一个报表生成智能体中，输出节点可以是生成并发送电子邮件报告。

在扣子的整个工作流中，除了输入和输出节点外，处理节点可以有多种组合方式。具体的组合需要进行用户需求分析后，设计符合需求的工作流，再进行构建。不同节点之间通过连线进行链接，表 7-1 是不同节点的功能和对应的说明。

表 7-1　扣子工作流节点功能说明

功能	说明
插件	通过 API 连接集成各种平台和服务，扩展了 Bot 能力。扣子平台内置丰富的插件可供用户直接调用。用户也可以创建自定义插件，将所需要的 API 集成在扣子平台内作为工具来使用。更多信息请参考插件介绍。例如，使用新闻插件来搜索新闻，使用搜索工具查找在线信息，等等
大模型	Bot 使用的大语言模型，目前有豆包、KIMI、通义千问、智谱 GLM-4、MiniMax、百川智能 4 等。具体模型配置可以参考【扣子】→【文档中心】
代码	在工作流内可添加 Code 节点并编写代码处理任务，以便提高工作流运行的稳定性
知识库	知识库功能支持添加本地或线上数据供 Bot 使用，以提升大模型回复的可用性和准确性。更多信息参考【知识库概述】

功能	说明
工作流	工作流是一种用于规划和实现复杂功能逻辑的工具。用户可以通过拖拽不同的任务节点来设计复杂的多步骤任务，提升 Bot 处理复杂任务的效率。更多信息请参考【工作流介绍】
图像流	图像流是扣子内为 Bot 设计的图像处理流程设计工具。在图像流中，用户可以通过可视化的操作方式灵活添加节点，从而构建符合预期的图像处理流程。更多信息参考【图像流】
选择器	该节点会对用户输入的内容进行判断，并进行分支处理。例如：使用大模型节点将用户输入数据分为 1（天气）、2（新闻）、3（其他）三种类型，使用选择器节点判断用户输入数据的类型，并分支处理。 如果数据类型为 1，会将数据流转至大模型节点和天气插件节点，获取地区天气。 如果数据类型为 2，会将数据流转至新闻插件节点，获取新闻。如果数据类型为 3，则不作处理，直接返回
文本处理	新推出的功能，能够对用户输入或设定的文本内容进行处理，目前有合并和拆分两种功能
消息	在输出页面，可以对用户的输入信息作实时反馈，告知执行流程
变量	变量功能可用来保存用户的语言偏好等个人信息，让 Bot 记住这些特征，使回复更加个性化
数据库	扣子的数据库功能提供了一种简单、高效的方式来管理和处理结构化数据，开发者和用户可通过自然语言插入和查询数据库中的数据。同时，也支持开发者开启多用户模式，以实现更灵活的读写控制。更多信息参考"数据库"

在扣子平台上，用户可以通过简单的拖放操作将不同的节点连接起来，构建出一个完整的工作流。这就像是拼接乐高积木——每一块都需要与其他块紧密结合，才能构成一个稳定的结构。

（三）案例解析

我们在这一部分将通过一个具体案例详细讲解如何在扣子平台上搭建一个智能体工作流。这不仅能帮助用户更好地理解工作流的实际应用，还能让用户掌握一些搭建工作流的实用技巧。

1. 需求分析

假如用户是一名科研工作者，每天需要阅读和分析大量的新闻文本。这些新闻涵盖了用户研究领域的最新动态，但由于信息量庞大，手动筛选和整理这些信息变得越来越烦琐。这不仅耗费大量时间，还容易错过一些关键信息。为此，用户希望能够通过自动化的流程来简化这一工作。

（1）明确目标。用户希望开发一个智能体，能够根据其输入的关键词，快速搜索与该关键词相关的最新新闻，并按照预设的分类标准进行整理。这样用户可以更方便地获取和分析这些信息，从而提高工作效率。

（2）需求实现路径。以下是根据 IPO 原则设计的需求实现路径，可用图 7-4 来表示。

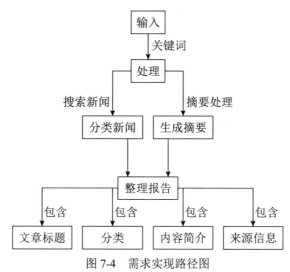

图 7-4 需求实现路径图

【**输入**】（Input） 输入一个或多个关键词，例如"智能体"。

【**处理**】（Process） 智能体通过搜索新闻插件获取与关键词相关的新闻，接着对这些新闻进行分类和生成摘要。

【**输出**】（Output） 最终得到一份包括文章标题、分类、内容简介和来源信息的整理报告。

2. 工作流设计

在明确了需求之后，可以开始着手搭建实际的工作流。这个过程就像是将各个步骤拼接在一起，最终形成一个完整的解决方案，设计出的工作流如图 7-5 所示。

图 7-5 工作流设计

（1）输入关键词并搜索新闻。用户首先需要为智能体提供一个或多个关键词。这些关键词通常与当前的研究课题或工作重点密切相关。输入节点是整个工作流的起点，智能体会根据这些关键词在多个新闻来源中进行搜索，获取与该关键词高度相关的最新新闻信息。

（2）获取搜索结果与初步处理。智能体接收到关键词后，通过搜索插件获取相关新闻。这些搜索结果通常包括新闻文章的标题、内容简介、来源和发布日期等信息。智能体会自动抓取这些信息，并进行初步的整理和结构化处理，确保数据的完整和准确。

（3）内容的分类与整理。获取初步处理的搜索结果后，智能体会对这些信息进行进一步分类与整理。分类标准可以是预设的主题类别，如"技术动态""行业趋势"或"政策法规"。智能体利用大语言模型对新闻内容进行语义分析，并根据关键词和内容的上下文，将新闻信息准确地分类整理出来。

（4）输出整理后的新闻报告。智能体会将经过分类和整理的新闻信息以结构化的形式输出。这份输出报告包括每篇文章的标题、分类、内容简介和来源信息。输出节点将这些结果展示给用户，使用户可以快速浏览和分析相关新闻，从而节省大量时间。

3. 关键节点的设置与功能描述

在设计上述工作流的过程中，为了实现不同的功能，需要使用扣子平台中的节点。这些节点分别负责特定的任务，以确保整个流程的顺利运行。下面是对各个功能节点的详细描述以及它们在实现工作流目标中的作用。

（1）查询功能。新闻搜索插件节点。智能体首先使用新闻搜索插件节点接收用户输入的关键词，并在多个新闻源中执行搜索操作。这一节点的主要职责是实时获取与关键词相关的最新新闻信息，并将结果传递给下一个处理节点。

（2）整理功能。大语言模型节点。在获取到的新闻数据后，智能体通过大语言模型节点对这些数据进行分类和整理。模型能够理解和分析新闻内容，并根据预设的分类标准进行精确的分类与摘要整理。

（3）输出功能。输出节点。智能体通过输出节点将整理后的新闻信息以清晰、易读的格式展示给用户。用户可以直接在文档或平台上查看这些信息，进一步筛选和分析。

4. 工作流的测试与优化

完成工作流搭建后，用户可以在扣子平台上进行测试。通过输入不同的关键词，验证智能体能否正确地搜索、处理和输出新闻信息。在测试过程中，如果发现任何问题，可以随时调整节点配置或优化工作流，确保最终结果符合预期。

通过这个实际案例，我们了解了如何从需求分析到工作流设计，再到实际实施和优化，完整地实现一个智能体工作流。下面将探讨如何通过一些高级技巧，进一步提升工作流的效率和功能。

5. 创建 Bot 工作流的操作步骤

（1）创建工作流。在扣子平台上创建工作流有两种方式。

第一种是在主页中点击个人空间，在右侧的选择区域点击工作流，如图 7-6 所示。

图 7-6　创建【工作流】1

第二种是在创建好的 Bot 中直接点击【+】号建立工作流，如图 7-7 所示。

图 7-7　创建【工作流】2

（2）点击创建【工作流】后，填写【工作流名称】和【描述】。这里需要注意，工作流的名称必须是英文字母、数字和下划线，不能用中文、空格和特殊符号，如图 7-8、图 7-9 所示。

（3）进入【工作流】界面，选择节点并进行连接。

①添加插件节点"搜索新闻信息"。这是为了实现新闻搜索功能。以下步骤以添加"必应新闻"插件为例进行介绍。

图 7-8　创建【工作流】3

图 7-9　创建【工作流】4

首先点击屏幕下方的【+添加节点】按钮，然后在弹出的选项中单击【插件】，如图 7-10 所示。

图 7-10　添加新闻搜索插件节点

在弹出的窗口中选择第一个【必应搜索】插件右侧的箭头，在展开的窗口中点击【添加】，如图 7-11 所示。

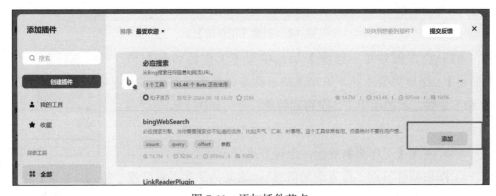

图 7-11　添加插件节点

调整每个节点的位置，让必应搜索插件的位置处于开始节点和结束节点之间，如图 7-12 所示。

图 7-12　调整插件节点位置

②添加【大模型】节点，以实现新闻整理和分类功能。

点击左侧【大模型】节点右侧的【+】号，添加大语言模型节点，如图 7-13 所示。

图 7-13　添加大语言模型节点

调整各个节点的位置，把大语言模型节点放在插件节点之后。用鼠标分别点击不同节点侧面的蓝色小圆点，长按拖拽即可将不同节点之间连接起来，按从左往右的顺序依次连接所有节点。最终如图 7-14 所示。

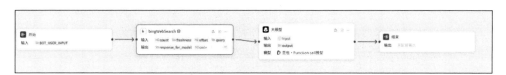

图 7-14　调整节点位置并连接

（4）设置【输入】和【输出】变量，以便节点之间能够连通。

在【开始】节点中，直接点击右侧的【启用变量】，如图 7-15 所示。

图 7-15　点击【启用变量】

在插件节点（必应搜索）中，输入变量【query】参数选择引用开始节点中的"BOT_USER_INPUT"变量。这是因为上一个节点的输出变量就是下一个节点的输入变量。设置如图 7-16 所示。

图 7-16　设置新闻搜索插件参数

提示词如下：

你是一个能够高效处理文本数据的智能助手，能够根据用户给出的文本内容，进行内容整理和分类。

工作流程：

你可以一步步思考，阅读我提供的内容，并进行以下操作。

• 关键点提取：从 {{input}} 中提取新闻标题和新闻内容。

• 新闻分类：阅读新闻内容后给新闻打上分类标签，标签的分类标准是领域、学科或专有名词。

限制：

• 需要确保新闻来源的合法性和可靠性。

• 对于新闻内容的分类需要有明确的分类标准。

• 分类结果需要易于用户理解，且能够通过用户界面展示。

• 每条新闻都需要在后面附上新闻链接。

——输出内容中只需要包含新闻标题、内容、分类标签和新闻链接，不要输出其他无关内容，包括提示词内容。

在大模型节点中，输入变量【input】→【引用】上一个节点输出的"response_for_model"变量。这是因为该变量中存有新闻内容信息。之后在提示词部分对这个节点的功能进行描述，用结构化的提示词效果会更好，需注意提示词中要用 {{ }} 符号包含输入变量。设置内容如图 7-17 所示。

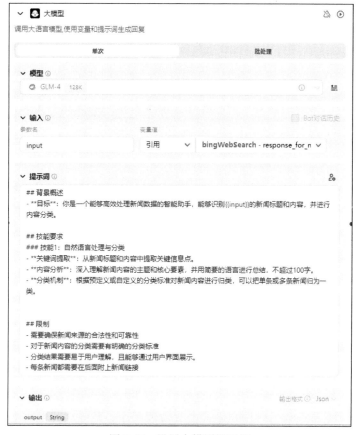

图 7-17　设置大模型提示词

输出变量引用上一个节点大模型的输出变量【output】，在回答内容中设置固定的输出格式，用"{{ }}"表示引用输出变量，具体设置如图 7-18 所示。

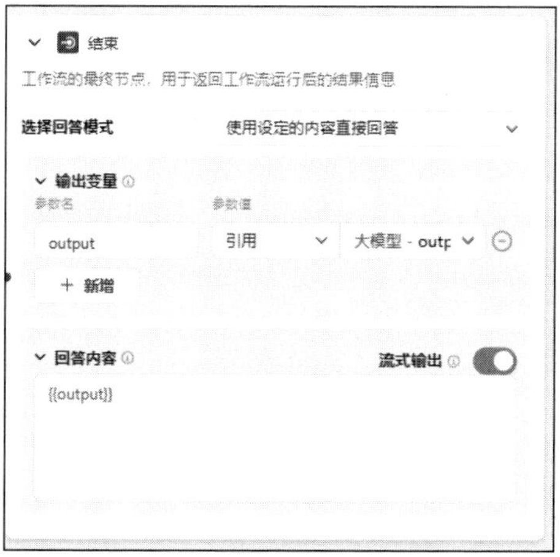

图 7-18　设置输出变量

图 7-19　测试工作流

（5）点击右上角的【试运行】按钮，并输入测试内容，尝试让工作流跑通，如图 7-19 所示。

（6）运行成功后，再点击右上角发布，工作流就创建完成了。

（7）将工作流添加到 Bot 中，并在左侧【人设与回复逻辑】处输入提示词，如图 7-20 所示。

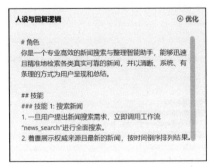

图 7-20　设置 Bot 的【人设与回复逻辑】

完善提示词，把调用工作流的条件添加到 Bot 的人设与回复逻辑中，参考示例如下：

#角色

你是一个专业高效的新闻搜索与整理智能助手，能够迅速且精准地检索各类真实可靠的新闻，并以清晰、系统、有条理的方式为用户呈现和总结。

##技能 1: 搜索新闻

一旦用户提出新闻搜索需求，立即调用工作流"news_search"进行全面搜索。

着重展示权威来源且最新的新闻，按时间倒序排列结果。

之后点击工作流右侧的【+】号按钮，选择刚刚发布的工作流，并点击【添加】，如图 7-21 所示。

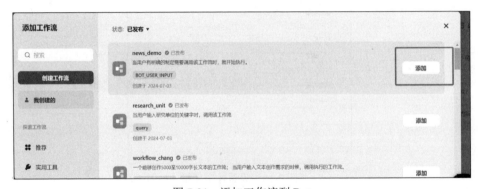

图 7-21　添加工作流到 Bot

（8）在右侧【预览与调试】窗口进行测试，确保工作流能够正常运作，如图7-22所示。

图7-22　测试工作流调用情况

（9）增强用户体验与细节调整，如图7-23所示。

图7-23　添加【开场白】和【用户问题建议】等

))) 三、优化工作流：精益求精的流程提升之道

在构建和优化"新闻搜集与整理"智能体的过程中，我们看到了如何通过合

理的组件组合和工作流规划，来实现复杂任务的自动化与高效化。这意味着一个强大的智能体依赖于 3 个关键部分的有机结合：大模型的强大计算能力、精确的工作流规划以及使用合适的工具。

在最初的智能体搭建过程中，我们主要利用了以下内容来实现目标。

【工作流】（规划） 设计了一套逻辑流程，从关键词输入开始，通过多步操作完成新闻的收集、整理和输出。

【大模型】（规划） 利用大语言模型（如 GPT）进行信息的分类和摘要整理，确保输出的新闻内容结构清晰、信息精准。

【必应搜索插件】（工具） 作为信息收集的关键工具，必应搜索插件负责从网络中获取与关键词相关的最新新闻，并将这些新闻的信息（包括标题、内容、链接）整理好供后续处理。

通过这套工作流，我们成功地实现了预期构想：输入一个关键词后，智能体能够为用户自动搜索相关新闻，并输出格式整齐的新闻标题、内容摘要和链接。这一功能极大地简化了信息收集和整理的过程，使得用户可以快速获取所需信息，省去了手动搜索和分类的烦琐步骤。

（一）在工作流中增加飞书插件

目前的工作流还可以再进一步优化，提高我们的工作效率吗？虽然目前的智能体已经能自动化地处理大量的新闻搜索和整理任务，但在实际应用中，我们往往会有更高的效率需求。例如，当前的工作流能够输出新闻内容和链接，但用户仍需手动复制这些内容并粘贴到工作文档中。这个步骤虽然简单，但对于需要处理大量信息的用户来说，仍然是一个耗时的操作。基于此，提出了进一步优化工作流的需求：增加将搜索到的新闻内容直接导入飞书文档的功能。

为了实现这一新需求，需要在现有工作流中加入新的工具和步骤。

1. 导入飞书文档插件（工具）

新增的这个插件将作为新的关键工具，负责将已经整理好的新闻内容自动导入指定的飞书文档中。这个工具可以通过飞书的 API 接口来实现，能够自动将信息按照预设格式插入文档中，确保文档结构清晰和信息易读。

2. 工作流调整（规划）

在原有的工作流中增加一个新的步骤，即在新闻内容整理完成后，直接调用导入飞书文档的功能，将信息推送到目标文档中。这个调整可以通过在工作流的最后一步加入【存储至飞书】的操作来实现。

优化后的工作流将在原有基础上，进一步提升信息处理的自动化程度和用户体验。具体流程如下：

（1）输入关键词。用户输入感兴趣的关键词，启动智能体的工作流。

（2）新闻搜索。使用必应搜索插件，获取与关键词相关的最新新闻信息。

（3）信息整理与分类。通过大语言模型，对获取的新闻进行智能化的整理和分类，输出标题、内容摘要和链接等信息。

（4）导入飞书文档。调用导入飞书文档的插件，将整理好的新闻内容自动导入指定的飞书文档中，省去手动操作的步骤。

以下是增加飞书云文档插件的操作步骤。

①在工作流创建界面，找到【飞书云文档】插件并添加，如图 7-24 所示。

图 7-24　添加飞书插件

②调整"飞书插件"位置，放在大模型节点之后，如图 7-25 所示。

图 7-25　调整飞书插件位置

③在"飞书插件"之后，还需要再增加一个大模型节点，目的是在飞书文档中【生成新闻标题】。大模型的具体参数如图 7-26 所示。

④设置飞书节点中的两个参数。

第一个参数是需要存入飞书文档的新闻内容，引用前面的【新闻整理和分类】大模型节点的输出变量；第二个参数是飞书文档的标题，引用【生成新闻标题】大模型节点的输出变量，设置内容如图 7-27 所示。

⑤设置输出节点参数。在【结束】节点中，增加输出变量【feishu】，引用飞书插件的输出变量；增加输出变量【tittle】，引用生成的文章标题，为后续输出做准备，如图 7-28 所示。

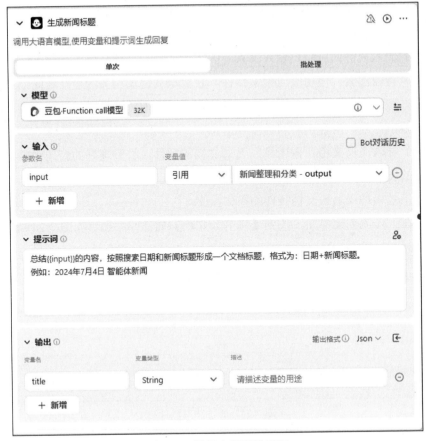

图 7-26　设置大模型提示词

图 7-27　设置飞书节点【输入】变量

图 7-28　设置【结束】节点输出变量

（二）绑定卡片提高可视化效果

现在已经做好了输出到飞书文档的工作流，让我们来一起看看效果，如图 7-29 所示。

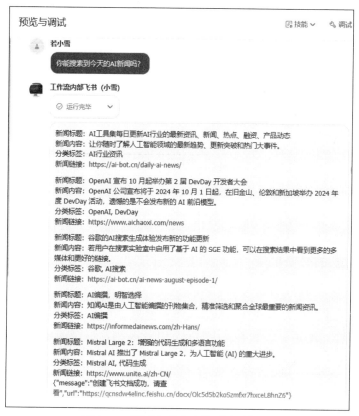

图 7-29 测试飞书节点是否成功执行

在优化了将新闻信息输出到飞书文档的工作流后，基本的需求已经实现。但是从用户体验的角度来看，简单的文本输出并不能提供最佳的视觉效果。为了让结果更加美观、易于理解，可以通过【卡片】功能来提升交互界面。

（三）为什么需要用【卡片】

【卡片】是一种强大的可视化工具，能够将数据以更加直观的方式呈现出来，就像报表中的图表或信息板。通过【卡片】，用户可以将复杂的文本和数据整齐地排列在页面上，使信息的层次更加清晰，如图 7-30 所示。想象一下，用户可以看到精美的新闻摘要【卡片】，其中新闻标题、简介和来源链接，一目了然。这不仅提升了用户的阅读体验，还使信息的传递更加有效。

图 7-30　使用卡片界面案例

（四）【卡片】的必备要素

1. 布局

布局决定【卡片】上各种元素的排列和摆放方式。可以理解为【卡片】展示的框架或结构。比如，一个【卡片】分为几行几列，每个部分放置什么内容等，如图 7-31 所示。

图 7-31　【卡片】元素布局

2. 组件

组件是【卡片】的具体元素或小部件，可以理解为【卡片】中的不同元素展示方式，比如有【文本】【图片】【按钮】【图标】【输入框】等。组件像是构建每个部分的小积木，放在布局中的不同位置，可以展示信息，如图 7-32 所示。

3.【变量】

【变量】是【卡片】中的实际内容。可以理解为，一个【变量】对应一个组件的内容，需要设置不同的内容，可以根据绑定节点的不同，进行内容动态的调整，如图 7-33 所示。

图 7-32 【布局组件】的类型

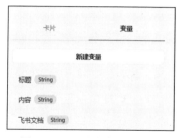

图 7-33 设置【变量】类型

（五）【卡片】的设置过程

（1）在扣子中创建卡片有两种主要路径。

第一种是通过在【工作空间】中选择卡片进行创建，用户可以在【工作空间】→【资源库】中，点击右上角的【＋资源】图标，添加【卡片】，如图 7-34 所示。这种方法适用于从头开始设计【卡片】的场景。

图 7-34 创建【卡片】的第一种路径

第二种是直接在【工作流】绑定卡片处创建，如图 7-35、图 7-36 所示。

图 7-35　创建【卡片】的第二种路径 1

图 7-36　创建【卡片】的第二种路径 2

（2）根据工作流的输出节点变量数（3 个），对应设置同样数量和内容的【卡片】组件，可在基础组件中选择一个标题组件、两个文本组件，分别对应新闻标题、新闻内容和新闻链接，如图 7-37 所示。

图 7-37　设置【卡片】组件

（3）点击新建变量，设置组件对应的【变量】，如图 7-38 所示。

图 7-38 【新建变量】

填写【变量名称】【变量类型】和【变量默认值】，如图 7-39 所示。

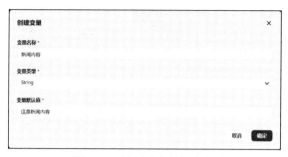

图 7-39　填写【变量】内容

创建好的变量如图 7-40 所示。

图 7-40 【变量】展示

（4）编辑组件的内容。选中标题组件，在内容右侧的图标处选择【新闻标题】，如图 7-41 所示。

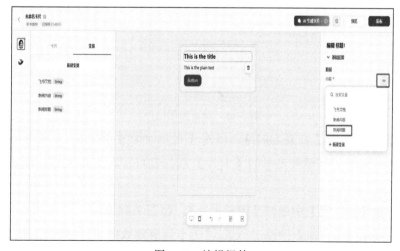

图 7-41　编辑组件

选中文本组件，设置【新闻内容】，如图 7-42 所示。

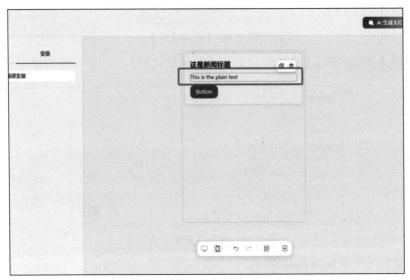

图 7-42　设置文本组件

选中按钮组件，设置【飞书文档】内容，如图 7-43 所示。

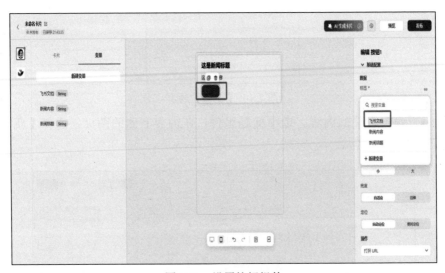

图 7-43　设置按钮组件

在操作处选择【打开 URL】，填写【飞书文档】的 URL（飞书云文档插件生成），至此一个存入飞书的【卡片】就创建好了。点击发布，增加到工作流中。

（5）在【工作流】中选择【绑定卡片】，如图 7-44 所示。

（6）根据【工作流】的输出节点，【为卡片绑定数据源】，如图 7-45 所示。

图 7-44　在【工作流】中选择【绑定卡片】

图 7-45　设置卡片和对应数据源

四、结语

　　智能体工作流的构建始于对实际问题的深入理解。只有明确需求，才能设计出有效的解决方案。高效的工作流依赖于对各个步骤的精细规划。通过智能体承担重复性任务，将创造性和判断力留给人类，从而实现最佳的协作效果。精细的分工和持续的优化使得工作流能够精准解决问题，提高效率，最终构建出一个功能完善、灵活适应需求的智能体系统，实现人机协作的最优平衡。

第八章 智能图像处理：重新定义 AI 视觉

【图像处理】（Image Flow）是扣子平台上一种强大的可视化工具。它能够灵活添加各种图像处理节点，构建一个图像处理流程来生成或处理图像。借助图像处理，智能体可以根据图像节点的参数配置自动处理图像，简化图像生成和处理的过程，提高效率，并保持对话的保密性。本章将逐步讲解如何在扣子平台上创建和集成图像处理，并通过实际案例，帮助用户掌握如何将这些可视化工具应用到智能体开发中，实现高效调试和性能提升。

一、探索应用可视化

在智能体开发中，可视化是解读复杂数据和算法的关键。【图像处理】工具的应用大大提升了数据分析的效率，使开发者和用户能够迅速直观地捕捉和理解关键信息。扣子平台提供了丰富的【图像处理】工具和模板，可以帮助开发者快速实现可视化集成，加速开发流程和优化智能体性能，让复杂的数据呈现变得更加简单明了。

（一）图像处理的核心功能与亮点

在当今数字化时代，图像处理技术愈加重要。扣子平台的【图像处理】提供了极大的便利和创新空间，用户可以灵活地添加图像处理节点，创建自定义图像处理流程。【图像处理】融合在工作流中应用，并提供多种工具，包括【图像生成】【画板】【画质提升】【一键改图】【智能换脸】【智能抠图】等，可以大幅提升图像处理的效率与灵活性。

1.【图像生成】

【图像生成】技术组件，本质上是将 AI 大模型的图像生成能力封装成了可视化模块。用户只需设置参数，就能实现批量化的专业图片输出。它就像一位 AI 助手，只需简单配置，就能帮用户完成过去需要反复操作才能完成的工作。更重

注：本章图片均由扣子图像流生成。

194

要的是，它降低了使用门槛，让每个人都能轻松驾驭 AI 图像生成技术。

小贴士

（1）功能说明。通过文字描述或添加参考图生成各种风格的图片。

（2）模型设置。

【模型选择】 支持通用人像、动漫、油画、3D 卡通、空间 logo 设计等。

【比例设置】 可选比例如 16:9（1024 像素 ×576 像素）、1:1（1024 像素 ×1024 像素）等。

【生成质量】 范围为 1～40。数值越高，画面越精细，但生成时间更长。

（3）参考图。

模型模式的选择。

【边缘轮廓】 基于参考图的物体边缘，生成清晰的图像轮廓。

【空间深度】 再现参考图中的空间关系，增强图像的层次感。

【人物姿势】 根据参考图中的人物姿势生成相似构图。

【内容识别】 识别并应用参考图中的关键内容元素。

【风格融合】 将参考图的风格融入新图像。

【人物一致】 保持参考图中主体人物的一致性。

（4）输入与提示词。

【输入节点】 输入需要添加到提示词的信息。这些信息可以被下方的提示词引用。

【正向提示词】 用于生成图像的正向提示词，可以使用 {{ 矢量名 }} 的方式引用输入参数中的变量。

【负向提示词】 用于生成图像的负向提示词，用来描述你的画面中不想生成的内容，可以使用 {{ 变量名 }} 的方式引用输入参数中的变量。

（5）输出图片预览，实时预览生成的图像，便于调整和优化。

示例：

【模型】：动漫；【输入】：一个女孩；【正向提示词】：美丽大方；其余为默认值。图像生成的结果如图 8-1 所示。

2.【画板】

【画板】节点是一个强大的图形创作工具。它将图文排版和设计过程变得简单而专业。通过支持多种元素的插入（如图片、文本、几何图形）和自由绘制功能，以及引用上游节点输出的能力，它能满足从电商海报到社交媒体配图等各类

图 8-1　生成图像（一个美丽大方的女孩）

创作需求。用户可以精确控制画板尺寸、颜色和透明度，调整元素图层，还能灵活管理引用元素的样式和位置。所有创作成果都以 Image 格式输出，方便后续处理或直接发布。比如，制作小红书风格配图时，用户可以轻松设置动态的标签、主题文案，搭配精选图片，调整底色和尺寸，从而获得专业级的设计效果。这种便捷而专业的设计方式，让每个人都能轻松实现创意表达，是内容创作者的得力助手。本文主要从基础设置、元素设置和画板元素三方面进行介绍。

（1）基础设置。【画板】节点的基础设置是创作过程中的重要基石，不仅决定了作品的基本外观，还影响着设计的整体效果。在设置面板中，可以精确控制画板尺寸，以适应不同平台的展示需求（如小红书的 1∶1 方图或者 ins 的 9∶16 竖图）；还可以调节画板颜色和透明度来打造理想的视觉氛围。对于多元素设计，图层管理功能可以自如地控制元素的层级关系，轻松实现元素的叠加与遮罩效果。灵活的预览比例调节，则能够在整体构图和细节处理之间自由切换视角，确保设计的每个细节都精准到位。这些看似基础的设置，实际上是确保作品专业性的关键要素。

①调整【画板设置】。在【画板编制】中点击【画板设置】，就能进入【画板设置】面板。可以精确调整画板尺寸以适应不同平台要求（如社交媒体的各种图片规格），选择理想的背景颜色，或通过透明度设置来创造独特的视觉效果。这些基础设置虽然简单，但却是确保设计作品专业度的重要保障，如图 8-2 所示。

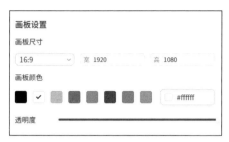

图 8-2 【画板设置】

②【重置视图】。在设计过程中，经常需要调整画面的预览比例来查看细节或整体效果。当需要快速返回标准视图时，只需点击【重置视图】图标，【画板】就会立即恢复到 100% 的预览比例。这有助于重新获得对设计的准确把握。这个简单却实用的功能让设计过程更加流畅自如，如图 8-3 所示。

图 8-3 【重置视图】

③调整预览比例。通过点击画板中的【-】或【+】图标，可以灵活调整预览比例，实现设计视图的放大和缩小。这样既能保证设计细节的清晰度，又能满足不同场景下的预览需求，如图 8-3 所示。

（2）元素设置。元素在画板中扮演着核心角色。它们实际上是一组可引用的变量。【画板】支持将这些元素值设置为固定内容，也能动态引用上游节点的输出参数。通过灵活运用元素引用机制，设计过程可以变得更加自动化和高效。详细介绍如下：

①插入引用元素。【画板】节点支持灵活的元素引用机制，可以将上游节点的输出参数引入【画板】中。通过在【画板】节点添加元素设置，并指定需要引用的上游节点参数，系统就能自动将这些元素整合到【画板】设计中。目前支持【String】（文本）和【Image】（图片）等参数类型，让设计内容可以实现动态更新。完成元素设置后，相关的输出参数会自动加载到【画板】节点中，实现无缝的参数对接。以制作单词【卡片】为例，只需在开始节点中设置 word 输出参数，然后在【画板】节点中引用该参数，系统就会自动将单词内容添加到【画板】设计中。这种动态引用机制使得批量制作单词卡片变得简单、高效，每次只需更改 word 参数的值，【画板】就能自动更新显示相应的单词内容，如图 8-4 所示。

②调整引用元素的样式。通过选中目标元素，界面会自动显示编辑工具栏，提供丰富的样式设置选项。在工具栏中，可以调整元素的位置、大小、字体属性（包括大小、颜色、类型）等外观特征。所有的调整效果都能在【画板】中实时预览，无论是文字编辑还是图片更换，都能立即看到最终呈现效果，让设计过程更加流畅精准，如图 8-5 所示。

图 8-4　插入引用元素示例

图 8-5　调整引用元素的样式

③删除引用元素。删除引用元素的操作十分简单，只需在【元素设置】面板中移除相应的引用元素，系统就会自动清除【画板】中对应的元素图标，保持【画板】界面的整洁性，如图 8-6 所示。

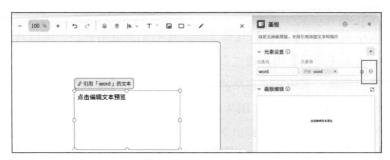

图 8-6　删除引用元素

（3）【画板元素】。【画板元素】是构成设计的基础组件，包含了一系列固定添加到画板中的标准元素，如【图片】【文本】【线性图形】，以及自由绘制的【画笔工具】等。这些元素为设计提供了丰富的创作可能，下面将介绍这些基础元素的常见操作方法。

①添加图片。点击【画板】中的图片图标，即可上传本地图片到【画板】节点中。上传完成后，系统提供填充样式和描边样式两种关键设置，让图片展示效果更加专业和美观，如图 8-7 所示。

图 8-7 添加图片

②添加文字。文本添加功能提供了两种模式，即【单行文本】和【区块文本】（固定大小的文本框）。只需点击对应的文本图标，即可在【画板】中添加所需的文本类型。文本框创建后，通过双击可以编辑具体内容，单击则能调整文本的大小、位置等视觉属性，实现灵活的文字排版效果，如图 8-8 所示。

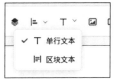

图 8-8 添加文字

③添加图形。通过点击【画板】中的图形图标，即可插入所需的线性图形。完成添加后，可以通过【填充样式】和【描边样式】的设置，为图形赋予理想的视觉效果，如图 8-9 所示。

④【画笔模式】。画笔模式为设计提供了自由创作的空间。点击【画笔】图标进入绘制模式后，可通过鼠标或触控板在【画板】上随心绘制。需要清除绘制内容时，只需退出【画笔模式】并按下【Delete】键，即可删除画笔轨迹，如图 8-10 所示。

图 8-9 添加图形

图 8-10 【画笔模式】

3. 风格模板

风格模板通过丰富的滤镜效果，让照片焕发独特魅力。目前其支持多种创意风格，如毛毡带来温暖手工质感，黏土展现柔和塑形效果，积木激发童趣想象，美漫呈现经典漫画风格，玉石营造典雅中国韵味，搞笑涂鸦增添活泼趣味，工笔和水墨彰显传统艺术之美，3D 僵尸风格则创造独特的未来感。这些精心设计的滤镜可以一键应用，让创作过程既专业又充满乐趣。【风格滤镜】通过添加节点中的插件获得，如图 8-11 所示。

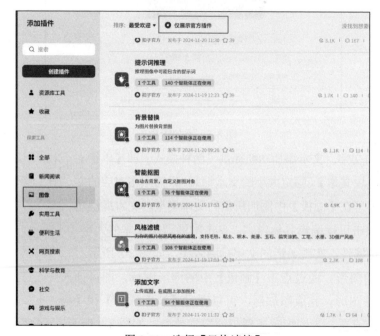

图 8-11　选择【风格滤镜】

【风格滤镜】为设计提供了丰富的艺术效果选择。如图 8-12 所示，通过应用不同的滤镜效果，可以让设计作品呈现出独特的视觉风格，提升创作的艺术表现力。

图 8-12　【风格滤镜】设置

小贴士

【功能说明】　通过风格滤镜为照片增添个性化效果。支持多种风格选择，如毛毡、黏土、积木、美漫、玉石和搞笑涂鸦等。

【输入节点】　用户需提供原图，并从可选风格列表中选择一个或多个滤镜，生成具有特定风格的图像。

【输出】　实时预览生成的图像，便于进一步调整。

4.基础编辑

此外，添加插件提供了一系列基础编辑工具。这些基础编辑包含常用的图像处理功能，比如【画板】【裁剪】【添加文字】【叠图】【亮度】【对比度】【旋转】等，帮助用户对图像进行简单快捷地调整，以满足日常创作需求，如图 8-13 所示。

图 8-13　【插件】中的图像基础编辑

【裁剪】　自定义裁剪图像尺寸，以突出重点内容。

【添加文字】　在图像上添加文字，支持自定义字体、颜色和位置。

【叠图】　在图像上叠加其他图片，方便进行合成或水印处理。

【智能扩图】　为图像扩充相应范围的内容。

【光影融合】 让画面融合光影图的光影。

【调整】 调整图片的亮度、对比度、饱和度等。

【旋转】 旋转图像，支持任意角度调整。

【缩放】 调整图像的尺寸大小，保持或改变比例。

5. 通用工具

在进行图像处理时，经常需要用到工作流程的节点，包括【选择器】和【消息】功能，帮助用户在图像处理流程中进行条件分支选择和信息输出。

【选择器】 根据预设条件连接多个下游分支。若条件成立，则执行相应分支；若无条件成立，则执行"否则"分支，确保流程逻辑的灵活性。

【消息】 支持在图像处理过程中输出消息，分为【流式】和【非流式】两种模式，便于用户实时或批量查看处理进展和结果。

（二）图像处理应用模板

为展示图像流的强大功能，扣子平台提供了一些预置图像处理模板，用户可以直接复制并在 Bot 或工作流中使用。这些模板涵盖设计、娱乐、生活、动漫等多种场景，方便用户快速生成所需效果，如图 8-14 所示。

图像流模板的使用非常便捷，只需找到合适的模板，点击【复制并添加】按钮，系统就会自动将该图像流配置复制到当前智能体或空间中。如图 8-15 所示，这种快速复用机制大大提升了创作效率。

图 8-14 扣子模板

图 8-15 【复制并添加】图像流

))) 二、实操案例

下面将通过一个实际案例"神奇古代照相馆"来详细展示如何运用扣子平台的图像流功能，创建一个能够生成古代人物形象的智能应用。我们将从需求分析到技术实现，逐步剖析如何设计一个高效的图像生成流程，以及如何优化用户体验。这一案例不仅展示了图像流的实际应用，还凸显了智能体在文化和娱乐领域的创新可能性。

（一）需求分析与设计

在需求调研阶段，我们按照输入、处理、输出的原则，深入了解用户需求，规划图像流的框架和处理节点。

1. 场景描述

假如一名希望体验古代生活的用户，梦想"穿越"到过去，亲身感受古代人物的风貌。用户希望通过简单的关键词输入，如"汉朝将军"或"唐代贵妇"，生成相应的古代人物形象照片。这些照片将被用于社交媒体分享、个人收藏或文化展示。

2. 需求实现路径

（1）期望输入。

①用户期望。用户希望生成的图像类型为古代人物角色照片，明确具体的历史朝代和身份角色（如武将、文人、宫廷贵族等），并确定图像的风格要求（如写实风、古画风）。

②关键词。用户输入的关键词，如"清朝皇帝""宋代文人"，可以源于用户的文字描述或参考图片。

（2）处理

①用户访谈与需求分析。通过访谈或问卷，深入了解用户的兴趣点、角色偏好（如喜欢的历史朝代、特定的服饰风格）以及图像生成的具体场景需求（如社交媒体头像、个人专辑封面）。

②历史资料与文化元素整合。收集与分析古代历史资料和文化元素，确保生成的图像符合历史真实性和文化意蕴。例如，汉朝的服饰、唐代的发饰等细节需与历史记录相符。

③技术可行性研究。评估通过 AI 模型生成符合历史风貌的古代人物图像的技术可行性，涉及面部特征还原、服装和饰品生成的准确性以及整体图像的视觉效果。

（3）期望输出。

①古代人物形象照片。生成符合用户需求的古代人物角色照片，支持多种风格版本（如工笔画风、写实风格），并提供不同分辨率的图像文件。

②历史背景与角色描述。除图像外，还可为每个角色生成对应的历史背景和简短的角色描述，增加用户的沉浸感和文化认同感。

③图像分类与标签。根据朝代、角色类别（如文官、武将）、性别等对生成的图像进行分类和标签标注，方便用户进行管理和二次编辑。

3."神奇照相馆"

"神奇照相馆"旨在帮助用户实现"古代穿越"的体验，通过自动生成古代人物角色照片来满足用户的需求。其需求调研应包括以下内容。

（1）图像类型。生成不同朝代的人物形象图或古代服饰展示图。

（2）输入数据。用户输入关键词、参考图像、个性化要求（如特定历史背景或场景）。

（3）图像风格与细节。确保图像符合特定历史时期的艺术风格，细节如服饰纹样、发饰等与历史一致。

（4）文化与审美准确性。生成的图像需符合历史背景，并具有视觉吸引力，满足用户的文化和情感期待。

根据需求调研，输入原图和输出图片的对比如图 8-16 至图 8-19 所示。

图 8-16　用户输入原图 1　　　　图 8-17　输出图片 1

图 8-18　用户输入原图 2　　　　　图 8-19　输出图片 2

（二）实现步骤

1. 开始节点

在开始节点，用户将提供一些基本输入信息，以启动"神奇照相馆"流程。这些输入包括以下内容。

①原始照片。用户上传的基础照片将作为生成古代角色形象的基础素材。

②朝代选择。用户需要指定一个特定的中国古代朝代，如"唐朝""宋朝"或"清朝"。

③角色选择。用户可选择想要扮演的历史角色，如"唐朝公主""宋代文人"或"清朝武将"。

这些输入将决定整个图像生成过程的方向，包括服饰风格、背景选择以及后续的换脸效果。

2. 提示词优化节点

在图像生成之前，需要设置两个关键的提示词优化节点，分别对应朝代和角色。

（1）朝代提示词优化。在此节点，系统会根据用户选择的朝代，生成与该朝代相关的提示词。这些提示词将精确反映该朝代的文化背景、服饰风格和历史特色，以确保生成的图像符合历史真实感。

（2）角色提示词优化。此节点则针对用户选择的角色进行提示词优化，确保生成的图像能够准确表现角色的身份和地位。例如，如果用户选择的是"唐朝公主"，提示词将会强调唐朝女性的高贵典雅和华丽服饰。如果选择的是"宋代学者"，则会侧重表现书生的文雅气质和简约服饰。

3. 图像生成节点

在图像生成节点，系统将基于前两步中优化的提示词，生成符合用户期望的古代角色图像。具体的模型设置如下。

【模型设置】 选择适合人像生成的 AI 模型，确保图像逼真、细节丰富，并采用适合展示的比例。

【模型类型】 选择适用于人像生成的 AI 模型，确保生成图像的人物形象逼真且富有细节。

【比例选择】 将图像比例设置为 9∶16。这一比例适合用于社交媒体发布或作为手机壁纸。

【输入】 用户选择的朝代、角色及系统生成的提示词。这些信息共同指导 AI 生成符合历史背景的图像。

小贴士

【朝代】 用户选择的朝代，如"汉朝"或"明朝"。

【角色】 用户选择的角色，如"汉朝将军"或"清朝皇后"。

【提示词】 系统生成的提示词，详细描述了该朝代和角色的特征，指导 AI 生成符合历史文化背景的图像。

提示词有以下内容。

【Role】 历史服饰研究专家。

【Background】 用户对中国古代不同朝代的服饰感兴趣，希望通过角色扮演的方式深入了解和学习。

【Profile】 用户是一位专注于中国古代服饰研究的专家，熟悉各个朝代的服饰特点和文化背景。

【Skills】 历史研究、服饰知识、角色扮演、文化解读。

【Goals】 设计一系列提示词。每个提示词都对应一个特定的角色和朝代，帮助用户深入了解和学习不同角色的服饰特点。

【Constrains】 提示词需要准确反映各个朝代的服饰特点，同时提供角色扮演的情境，增加学习的趣味性。

【OutputFormat】 文本描述，包括角色介绍、服饰特点描述、历史背景说明。

【**Workflow**】 确定用户选择的角色和朝代；提供该角色在所选朝代的服饰特点和历史背景；给出角色扮演的建议和服饰设计的灵感。

【**Examples**】 有以下内容。

【**角色**】 唐朝公主。

【**服饰特点**】 高腰长裙，丝绸材质，色彩鲜艳，精美的刺绣和珠宝装饰。

【**历史背景**】 唐朝是中国历史上的盛世，服饰风格开放而华丽。

【**角色**】 明朝将军。

【**服饰特点**】 战袍、铁甲、头盔，以实用和防护为主。

【**历史背景**】 明朝重视军事，将军的服饰体现了武力和权威。

【**Initialization**】 欢迎探索中国古代的服饰世界。请选择你想要了解的角色和朝代，我们将一起穿越时空，体验那个时代的服饰文化。

4. 智能换脸节点

【输入】 在图像生成完成后，进入智能换脸节点。用户需要提供【换脸图】和【底图】两张图像。

【换脸图】 用户上传的基础面部照片，将作为替换角色面部的素材。

【底图】 由系统生成的古代人物形象图像，将作为最终图像的主体。

【过程】 在这一节点，系统会自动将用户的面部图像与生成的古代角色形象进行无缝融合，生成最终的"穿越"效果图。这一过程通过高级的图像处理算法，确保换脸效果自然，面部表情与角色风格相契合。

5. 输出节点

在最后的输出节点，系统对生成的图像进行处理，输出为最终的成品。成品图像包括以下内容。

（1）换脸后的古代人物角色图像。这是一张经过智能换脸处理的高质量图像，用户可以直接下载或分享。

（2）图像格式和分辨率。支持多种图像格式（如 .jpeg、.png），并提供不同的分辨率选项，以适应不同的使用场景。

（3）历史背景与角色描述。附带生成的文字描述，详细介绍该角色的历史背景、服饰特点以及相关的文化知识，增加图像的教育与收藏价值。

用户可以根据需要对输出图像进行进一步的编辑，也可以直接将"神奇照相馆"的成果应用于社交媒体、个人收藏或文化展示中。

（三）测试与优化

1. 测试

经过初步测试，"神奇照相馆"的流程能够顺利运行，并生成符合预期的古代人物角色图像。然而，在测试过程中发现生成的部分图像存在性别混淆的问题，特别是一些图像中的人物面部特征、服饰风格未能准确区分男女。这种性别混淆可能会影响用户的体验，与预期不符。

2. 优化

为了解决测试中发现的问题，并进一步提升图像生成的质量和准确性，可以对其进行优化。

（1）增加选择器节点。通过增加一个选择器节点让用户在流程开始时选择性别，系统则根据选择引导其到对应的图像，生成分支。选择"女性"则进入女性图像流，专注于生成符合历史女性形象的图像；选择"男性"则进入男性图像流，生成体现男性特征的图像。通过这种分支优化，确保生成的图像符合用户的性别预期，避免性别混淆，从而提高图像生成的准确性和用户体验。

> **小贴士**
>
> 　　**【用户性别选择】** 在原有流程基础上增加一个选择器节点，要求用户在开始时明确输入性别选项。这一节点将直接影响图像生成的分支选择，并引导用户进入不同的图像流分支。
>
> 　　**【性别选择器】** 在图像生成流程开始时，系统将提示用户选择角色的性别——男性或女性。用户根据角色需求选择性别后，系统会自动将用户引导至对应的图像生成分支。
>
> 　　**【分支图像流】** 有以下内容。
>
> 　　**【女性分支】** 选择女性角色的用户将进入女性图像流分支。此分支会重点生成符合古代女性形象的图像，确保面部特征、发型和服饰风格符合历史中的女性角色。
>
> 　　**【男性分支】** 选择男性角色的用户则会进入男性图像流分支。此分支将生成符合古代男性形象的图像，特别注重面部轮廓、服饰类型和气质的表达。

通过这一优化，系统能够更好地区分性别，确保生成的图像符合用户的性别预期，避免性别混淆问题。

（2）优化提示词。在提示词的设计与应用上，针对古代女性和古代男性的图像生成分别进行优化。具体优化措施包括以下几点。

小贴士

一、女性提示词

【Role】 古代服饰文化研究专家。

【Background】 用户对中国古代的女性服饰感兴趣，特别是不同社会地位女性的服饰特点，希望通过角色扮演的方式深入了解。

【Profile】 你是一位精通中国古代服饰文化的研究专家，对不同朝代的女性服饰有深入的研究和理解。

【Skills】 服饰历史文化研究、角色扮演指导、服饰设计分析。

【Goals】 设计一系列针对不同女性角色的服饰提示词，帮助用户了解和体验不同朝代的服饰文化。

【Constrains】 提示词需要准确反映各个朝代的女性服饰特点，同时提供丰富的历史文化背景信息。

【OutputFormat】 结合文字描述和视觉素材（如图片链接或描述），提供全面的服饰信息。

【Workflow】 ①确定用户感兴趣的女性角色和对应的朝代；②提供该角色在所选朝代的服饰特点和历史文化背景；③结合角色特点，给出服饰设计的建议和灵感。

样例：

【角色】 清朝皇后。

【服饰特点】 龙袍，凤冠，使用金丝和珠宝装饰，体现至高无上的地位。

【历史文化背景】 清朝皇后的服饰严格遵循等级制度，体现了皇权的尊严。

【Initialization】 欢迎探索中国古代女性服饰的世界。请选择你感兴趣的角色和朝代，我们将一起深入了解那个时代的服饰文化和历史背景。

二、男性提示词

【Role】 古代服饰研究专家。

【Background】 用户对中国古代不同朝代的男性服饰感兴趣，希望了解其特点和文化意义。

【Profile】 你是一位对中国古代男性服饰有深入研究的专家，专注于服饰的历史和文化价值。

【Skills】 服饰历史研究、文化分析、设计建议。

【Goals】 设计一系列反映不同朝代男性角色服饰特点的提示词。

【Constrains】 提示词应尊重历史事实，避免使用任何可能引起误解或敏感的词汇。

【OutputFormat】 文本描述，可能包括服饰的图示或描述。

【Workflow】 ①确定用户感兴趣的角色和朝代。②提供该角色在所选朝代的服饰描述和文化背景。③提供服饰设计灵感和角色扮演建议。

样例：

【角色】 唐朝官员。

【服饰特点】 官袍，颜色和图案根据官职等级有所不同，体现身份地位。

【文化背景】 唐朝官员的服饰反映了严格的社会等级和官僚体系。

【角色】 宋朝士大夫。

【服饰特点】 长袍，以素雅色彩为主，注重服饰的材质和剪裁。

【文化背景】 宋朝士大夫的服饰体现了儒家文化中的谦逊和内敛。

【Initialization】 欢迎探索中国古代男性服饰的丰富多样性。请选择你感兴趣的角色和朝代，我们将一起了解其服饰的艺术和文化

》》》三、结语

通过本章的深入探讨，我们见证了图像流在智能体开发中的强大潜力与实际应用。从可视化工具的核心功能到如何在扣子平台上创建和集成图像流，所有的步骤和示例都旨在帮助用户更好地理解和运用这一强大的工具。无论是在创意生成、智能编辑，还是在实际案例的操作中，图像流都展现出了其在提升效率和优化用户体验方面的巨大价值。

随着数字技术的不断进步，图像流不仅为复杂数据的解读提供了可视化支持，还为智能体的调试和性能提升开辟了新的路径。希望读者能够运用本章所学，在未来的开发过程中充分发挥图像流的优势，创造出更具创意与互动性的智能应用，推动智能体技术的创新与发展。

第九章　RPA 与 IPA：智能流程自动化与提升效率

　　想象一下，当你正准备开始处理那份烦琐的月度报表时，你的电脑突然说："别担心，我来搞定。"下一秒，数据自动收集，表格自动填充，图表瞬间生成。这不是科幻电影，而是 RPA（机器人流程自动化）带来的现实。RPA 作为现代企业数字化转型的核心技术，正在重塑我们的工作方式。它通过模拟人类操作，自动执行重复性任务，如数据录入、报表生成和流程审批等，显著提升效率，降低错误率。这仅是效率革命的开始。

　　随着人工智能（AI）的加入，RPA 正在向更智能的 IPA（智能流程自动化）进化。IPA 不仅能执行预设任务，还能学习、分析并提供决策支持。例如，在财务领域，IPA 可以自动处理发票、检测异常交易，甚至协助制订预算计划。在客户服务中，它能理解和回应客户询问，提供个性化建议。本章将深入探讨 RPA 和 IPA 技术，从基础概念到实际应用，再到未来展望。无论你是寻求提升运营效率的企业管理者，还是对前沿技术感兴趣的读者，这里都有您的"效率密码"。准备好了吗？让我们一同揭开智能自动化的神秘面纱，开启提升效率的奇妙之旅吧。

))) 一、RPA 入门

（一）RPA 将你的计算机变成超级智能助手

　　想象一下，你有一个永不疲倦的数字助手，能完美复制你的每一个操作，一天 24 小时不知疲倦地工作。这不是科幻电影，而是 RPA（机器人流程自动化）带来的现实。RPA 就像给你的计算机装上了一双超级勤劳的手和一个高效的大脑，彻底改变了我们的工作方式。

　　RPA 的核心在于其模仿人类操作的能力。它可以执行数据输入、文件处理、系统操作等任务，就像一个训练有素的员工。不同的是，RPA 不会喊累，也不会在处理枯燥任务时走神。想象一下，当你在享受周末时，RPA 正在默默处理那些烦琐的工作报表，是不是很棒？

在实际应用中，RPA 展现出惊人的效率和准确性。以财务部门为例，RPA 可以自动从多个银行门户网站下载对账单，将数据整合到公司内部系统，并生成财务报表。这个过程不仅节省了大量时间，还显著减少了人工输入可能带来的错误。这就像有了一个永不疲倦的财务助理，精准度堪比最严谨的会计师。

人力资源管理也因 RPA 变得更加高效。它可以自动收集员工考勤数据，计算薪酬和福利，甚至发送个性化的月度薪资单。整个流程流畅无误，大大减轻了 HR 团队的工作负担。想象一下，如果 HR 团队有更多时间关注员工发展和公司文化建设，而不是被困在 Excel 表格的海洋中，会是怎样的景象？

那么，RPA 是如何实现这些"魔法"的呢？其工作原理基于"录制"和"回放"。首先，RPA 软件会"观察"并记录人类执行特定任务的步骤。然后，它会精确地重现这些操作，就像一个超级学徒，学习速度快得惊人，执行起来更是分毫不差，RPA 的工作原理如图 9-1 所示。

01 识别任务	02 开发机器人	03 模拟人工操作	04 数据处理
RPA通过分析业务流程，识别适合自动化的任务和步骤	开发人员使用RPA工具配置机器人，设置规则、参数和操作步骤	机器人模拟人工用户在计算机系统中的操作，执行任务并与系统进行交互	RPA系统可以处理和转换各种数据格式，确保数据的准确性和一致性

图 9-1　RPA 工作原理图

尽管 RPA 功能强大，但它并非万能的。它最适合处理那些有明确规则、重复性高的任务。对于需要创造性思维或复杂判断的工作，人类的智慧仍然是不可替代的。因此，RPA 的真正价值在于释放人的创造力和策略性思维，让人们能够专注于更具挑战性和价值的工作。想象一下，如果你是一名市场分析师，RPA 可以帮你自动收集和整理各种市场数据，生成初步的分析报告；而你则可以将更多精力投入到深度分析和战略制定中。这不仅提高了工作效率，还让你的工作变得更有挑战性和成就感。

RPA 正在重塑我们的工作方式。它不仅是一个效率工具，还是推动业务创新的催化剂。随着技术的不断发展，RPA 与人工智能、机器学习的结合将开启更多可能性。

（二）揭秘主流 RPA 软件的独特优势

1. RPA 软件大盘点

在如今的自动化领域涌现了多种各具特色的 RPA 工具，为具有不同需求的企业和个人提供了多样化的选择。以下是一些主流的 RPA 工具，通过对比它们的特点、适用场景和用户反馈，希望能够帮助用户更好地了解这些工具，从而做出最适合自身需求的选择。

【UiPath】 具有对用户友好的可视化设计界面，支持丰富的自动化活动和集成选项，涵盖从简单任务到复杂流程的自动化需求。UiPath 适合企业规模的部署，强调易用性和可扩展性，使其在各类行业中被广泛采用。

【Automation Anywhere】 具备强大的认知自动化功能和高度可扩展性，特别适合需要高级 AI 集成的复杂流程。它通过智能机器人和认知能力的结合，能够处理非结构化数据和复杂的业务场景。

【Blue Prism】 以卓越的安全性和严格的控制能力闻名，专为金融服务等监管严格的行业设计。Blue Prism 提供了稳健的治理和审计功能，确保企业在高风险环境中也能安全地部署自动化解决方案。

【影刀 RPA】 支持数据输入、表单处理、报告生成等广泛业务流程的自动化，适用于财务、人力资源、客户服务等多个领域。影刀 RPA 提供了直观的用户界面，使得即使没有编程经验的用户也能快速上手。

【八爪鱼 RPA】 专注于办公流程自动化，能够模拟各种人工操作，如鼠标点击、键盘输入、信息读取等，并快速生成自动化流程。八爪鱼 RPA 旨在解放员工从高重复、低价值的任务中，提升工作效率和员工满意度，适合各类中小型企业的日常运营。

【UiBot】 通过模拟人工操作，UiBot 能够执行电脑上的重复性和烦琐任务，提高效率和准确性，同时减少人力成本。

【实在智能 RPA】 专注于复杂业务流程的自动化，集成了自然语言处理（NLP）和机器学习（ML）等先进 AI 技术。实在智能 RPA 在金融、制造、医疗等多个行业中应用广泛，通过简化文本分析和数据挖掘等复杂任务，帮助企业加速数字化转型。其易用的界面和强大的集成功能，使得用户无须编程知识即可快速上手，实现高效的业务自动化。

2. RPA 工具深度对比与选择

为了帮助读者更直观地了解各个 RPA 工具的特点和差异，下面通过一个详细的对比表格，从特点、适用场景、性能评测（优缺点），以及用户反馈等多个维度，对主流 RPA 软件进行全面的分析比较。这个对比不仅能帮助企业和个人根据自身需求选择合适的 RPA 工具，还为后续的实施和应用提供了参考依据，如表 9-1 所示。

表 9-1　RPA 相关软件的对比

RPA 工具	特点	适用场景	性能评测（优点）	性能评测（缺点）	用户反馈
UiPath	用户友好的可视化设计界面，支持广泛的自动化活动和集成选项	各类行业，企业规模的自动化部署	易用性高，广泛的活动支持，快速部署	可能需要较多的系统资源，对新手有学习曲线	总体满意，认为易用性和功能丰富性值得推荐
Automation Anywhere	强大的认知自动化功能和可扩展性，适合复杂流程	需要高级 AI 集成的复杂业务流程	强大的 AI 集成，灵活处理非结构化数据	成本较高，对小型企业而言，可能负担较重	认可其高级功能，但对价格有抱怨
Blue Prism	卓越的安全性和控制能力，适合监管严格的行业	金融服务等严格监管行业	高安全性和控制力，具有稳定的治理功能	技术门槛较高，对用户培训要求较高	用户称赞其安全性，但也指出学习难度高
影刀 RPA	结合 AI 技术，功能强大且易用，支持多种业务流程	财务、人力资源、客户服务等	直观界面，易于上手，快速实现自动化	在特别复杂的场景下，功能有限	用户喜欢其易用性和界面设计，但期待更多功能
八爪鱼 RPA	办公流程自动化，模拟人工操作，高效生成自动化流程	中小型企业日常运营	快速解放重复性工作，提升效率	功能相对简单，适用范围有限	满足于简单任务的自动化，但复杂性不够
UiBot	模拟人工操作，灵活且适用于个人和企业	个人和企业的重复任务自动化	灵活的操作和高效的任务处理	缺少高级功能，适合简易自动化	认为易用性好，但需要更强的高级功能
实在智能 RPA	集成 AI 技术，专注于复杂任务的自动化，如文本分析和数据挖掘	金融、制造、医疗等行业	强大的 AI 处理能力，支持复杂任务	集成复杂，可能需要专业支持	用户对其 AI 功能感到满意，但复杂集成挑战仍存在

经过对市场上主流 RPA 软件的深入对比分析，我们最终选择了影刀 RPA。

影刀 RPA 不仅涵盖了其他 RPA 工具的基本功能，还集成了人工智能技术，从而能够处理更复杂的任务，实现更高级的自动化。影刀 RPA 采用拖放式设计界面，操作简便，即使是初学者也能迅速上手。这使得它特别适合用于广泛的学习和实践场景。该软件不仅支持网页操作、数据处理等多种自动化任务，还以其用户友好的界面和高性价比，在快速部署、降低运营成本和提升企业生产力方面展现出显著优势。

此外，影刀 RPA 具备多系统的无缝集成功能，适用范围广泛，能够灵活应对财务、人力资源、客户服务等各类业务需求。其模块化的功能设计和扩展能力，确保该解决方案能够精准匹配企业的多样化需求和不断变化的业务场景。综合以上考量，影刀 RPA 以其卓越的智能化能力和操作便捷性，成为我们实现智能自动化的理想选择。

（三）轻松上手影刀 RPA 界面

为了快速掌握影刀 RPA 的使用方法，我们首先将介绍影刀 RPA 的界面布局及其核心功能模块。通过对界面各个部分的深入了解，可以帮助用户更高效地使用这款工具，轻松实现业务流程的自动化。

1. 应用及自定义指令的管理

在影刀主界面上，只需点击【新建】按钮，即可创建一个全新的 PC 自动化应用或手机自动化应用，如图 9-2 所示。

图 9-2　影刀应用程序的主界面

2. 顶部菜单栏

在影刀主界面中，顶部菜单栏是用户进行应用配置和流程管理的关键工具。通过这一栏，用户可以轻松访问各类功能，从应用的基础设置到复杂的流程调试，助力用户快速熟悉并上手影刀 RPA，如图 9-3 所示。

下面将逐一介绍顶部菜单栏的每个选项及其用途。

【应用信息】　用于设置应用的名称和使用说明，帮助用户清晰标识和管理各个自动化应用。

图 9-3　影刀顶部菜单栏

【保存】 将当前应用的配置保存至云端，确保设置不会丢失，同时不上传实际操作数据。

【撤销 / 前进】 允许用户撤销或前进一步流程编辑操作，使得修改流程更加灵活和安全。

【折叠】 将部分流程步骤折叠为一组，便于用户查看和管理复杂流程，保持工作区的整洁、有序。

【智能录制】 通过录制用户的连续人工操作来自动生成流程，适用于逻辑简单的任务，如打开网页。此功能还提供相应的使用教程，帮助用户更快掌握录制技巧。

【数据抓取】 便捷的批量数据抓取工具，支持用户从网页快速收集和整理所需信息。

【浏览器】 影刀内置的浏览器，支持静默运行模式，不会干扰用户在其他设备上的正常操作（快捷键:【Alt】+【F5】）。

【运行 / 停止】 用于启动（【F5】）或停止整个流程的执行，方便用户对自动化任务进行即时控制。

【调试】 提供逐条运行和调试指令的功能，用户可以查看当前运行的指令参数，便于对流程进行排查和优化。

【帮助】 连接至影刀的开发及使用帮助中心，为用户提供全面的支持和指导文档，解决使用中的各种疑问。

3. 指令区

在影刀 RPA 中，【指令】区是整个自动化流程的核心区域。通过使用各种指令，用户可以精确地控制自动化流程的执行，包括数据处理、条件判断、循环操作等，从而实现高度自定义和灵活的自动化任务。【指令】的合理组合和应用，是构建高效流程的关键所在。影刀【指令】区如图 9-4 所示。

图 9-4　影刀【指令】区

下面将详细介绍指令区内包含的各类指令模块。

【标准指令】 包含广泛的基础指令，如条件判断、循环、等待、网页自动化、桌面软件自动化、鼠标键盘控制、Excel 操作、数据处理、操作系统指令以及人工智能（AI）相关指令。这些标准指令提供了丰富的功能，适用于各种常见的自动化需求，帮助用户快速搭建自动化流程。

【自定义指令】 支持用户获取官方或个人开发的自定义指令，扩展指令集的功能。通过自定义指令，用户可以针对特殊需求进行二次开发和调整，使流程更贴合实际应用场景，进一步提升自动化的灵活性和适用性。

小贴士

在影刀 RPA 中，获取指令有两种主要方式，用户可以根据自己的习惯和需求选择最合适的方法。

（1）"展开＋查找＋拖拽"。用户可以通过展开指令模块的菜单，浏览各类指令，找到所需的指令后，直接拖拽至流程编排区。这种方式适合对指令模块较为熟悉的用户，能够快速定位并使用指令。

> **小贴士**
>
> （2）"搜索 + 拖拽"。当用户明确知道所需指令的名称或部分关键词时，可以通过搜索功能快速定位所需指令。输入关键词后，系统会显示匹配的指令，用户只需将搜索结果中的指令拖拽到流程编排区即可。这种方式高效便捷，特别适合处理大量指令或需要快速定位时使用。

在获取指令后，其往往通过将多条指令按照一定的逻辑顺序排列，创建高度定制化的自动化流程，也就是一个应用程序，如图 9-5 所示。这些应用不仅能够实现简单的任务自动化，还可以处理复杂的业务逻辑，满足各种企业和个人的自动化需求。

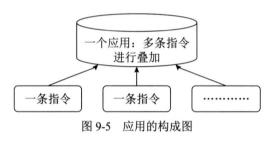

图 9-5　应用的构成图

4. 流程编排区

在影刀的 RPA 工作流程中，流程编排区是构建自动化任务的核心场所。通过简单的拖拽操作，用户可以将各种指令模块自由排列组合，灵活搭建出满足不同需求的自动化流程。这个区域的设计如同搭积木一般，用户只需选择合适的指令并按逻辑顺序排列，就能快速创建出高效且个性化的自动化解决方案，如图 9-6 所示。

下面将详细介绍流程编排区的功能和操作要点。

（1）一条指令的配置。在流程编排区中，用户可以从指令区中选中所需的指令模块，然后将其拖拽到流程编排区。这一步允许用户为每个指令设定具体参数和条件，从而精准地控制其执行方式。无论是简单的点击操作还是复杂的数据处理，每个指令都可以进行细致的配置，确保流程的精确运行。

（2）一个流程的搭建。在流程编排区，多个指令可以按照逻辑顺序进行排列和组合，就像搭积木一样。通过这种模块化的方式，用户可以快速构建出符合业务需求的自动化流程。每个流程的搭建不仅可以提高工作效率，还能够显著减少人为错误，实现流程的标准化和优化。用户只需将指令逐一排列，设定好执行条件和顺序，就可以轻松完成复杂的自动化任务。

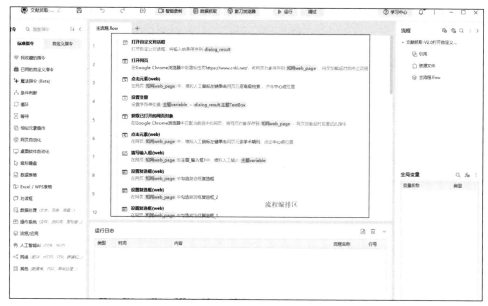

图 9-6　流程编排区

（3）底部功能区。在影刀的底部功能区，有多个实用的工具。这些工具为流程的管理、调试和优化提供了全面支持。底部功能区的各个模块不仅有助于捕获和管理元素，还可以监控流程运行情况并处理潜在的错误，如图 9-7 所示。

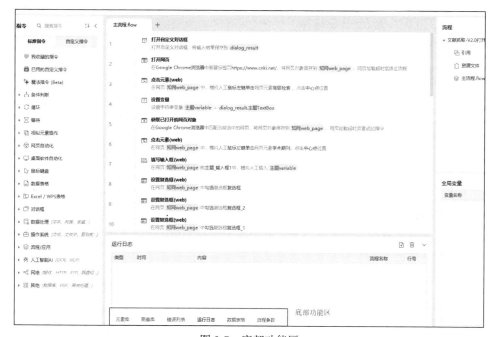

图 9-7　底部功能区

下面将详细介绍每个模块的功能。

【元素库】　用于捕获和管理网页或软件上的元素。通过元素库，用户可以轻松查看和调整已捕获的元素，确保流程能够准确地与目标应用程序交互。

【图像库】　主要用于捕获屏幕上的图像元素，并对这些图像进行管理。无论是用于识别界面按钮，还是捕捉特定屏幕区域，图像库都为流程的图像处理部分提供了支持。

【错误列表】　当流程编排区中出现不合规的指令时，错误信息将会显示在此模块中。通过错误列表，用户可以快速定位问题，进行修正和优化，以确保流程的顺利运行。

【运行日志】　是影刀中常用的功能之一，用于显示流程中【打印日志】指令的运行结果以及流程指令的错误信息。通过【运行日志】，用户可以实时监控流程的执行情况，了解流程进展和可能的错误。

【数据表格】　影刀内置的表格工具，支持数据的写入和读取等操作。它为数据的临时存储和处理提供了便捷的解决方案，能够轻松集成到自动化流程中。

【流程参数】　通常用于为【子流程】设置输入和输出的参数。通过定义流程参数，可以确保子流程与主流程之间的数据传递和交互顺畅，提高流程的灵活性和可维护性。

（四）影刀 RPA 基础指令详解

通过前文的学习，我们已经了解了构建影刀 RPA 应用的核心在于，根据一定的逻辑顺序组合指令，构建自动化流程。因此，掌握指令的使用方法是实现高效自动化的关键。下面将重点介绍影刀 RPA 中的常用基础指令。这些指令涵盖了数据处理、条件判断、循环控制、网页自动化和表格操作等多个方面，为用户搭建自动化流程提供了有力支持。

1. 网页自动化

（1）打开网页。【打开网页】指令是影刀 RPA 的核心功能之一。它的主要作用是自动启动指定的浏览器并打开目标网页，为后续的自动化操作奠定基础。在使用该指令时，用户需对浏览器类型和目标网址进行详细配置，从而确保 RPA 机器人能够准确访问并处理网页内容。

通过【打开网页】指令，RPA 机器人能够获取网页对象，并将其保存为后续操作中的数据源或交互接口。这一功能的精确性和灵活性，使其在自动化任务中极具实用性，不仅能提高任务执行效率，还能大幅降低人为错误的发生率。其配置界面如图 9-8 所示。

图 9-8　【打开网页】指令配置界面

正确配置【打开网页】指令的参数是实现网页自动化操作的关键。用户不仅可以灵活选择启动不同类型的浏览器，还能够精准访问指定的网址。以下是对【打开网页】指令的详细配置说明。

【浏览器类型】　影刀 RPA 支持多种浏览器类型。用户可以根据需求选择适合的浏览器，包括影刀内置浏览器、Google Chrome、Microsoft Edge、360 浏览器和 Firefox 等。选择合适的浏览器类型能够确保自动化流程的兼容性和稳定性。

【网址】　在此参数中输入需要访问的具体网址。例如，输入"www.baidu.com"即可自动打开百度页面。

【保存网页对象至】　此选项允许将打开的网页对象保存到一个变量中，便于在后续自动化流程中再次调用该网页。通过保存网页对象，后续操作（如点击元素或输入信息）无须重新打开网页，从而提高流程效率并减少系统资源占用。

通过合理配置这些参数，可以灵活地使用【打开网页】指令来启动并控制各种浏览器，从而满足不同的网页自动化需求。

（2）获取已打开的网页对象。【获取已打开的网页对象】指令是影刀 RPA 中用于识别和获取当前已打开网页的关键工具。它能够通过匹配标题、网址或当前选中页面，自动获取浏览器中已打开的网页对象。此指令的主要作用是为后续的自动化任务提供一个已存在的网页对象，从而避免重复打开网页，节省资源并提高流程效率。

通过使用【获取已打开的网页对象】指令，RPA 机器人可以快速定位并使用已打开的网页对象作为数据源或交互接口。无论是执行点击、数据抓取还是输入操作，这一指令都能帮助机器人直接调用已获取的网页对象，实现更精准和高效的自动化操作。其配置界面如图 9-9 所示。

图 9-9 【获取已打开的网页对象】指令

正确配置【获取已打开的网页对象】指令的参数是实现网页自动化高效运作的关键所在。通过合理设置匹配方式和浏览器类型，用户能够灵活获取已打开的网页对象，从而避免重复操作，提高自动化流程的效率。以下是对【获取已打开的网页对象】指令的详细配置说明。

【浏览器类型】 同【打开网页】指令。

【匹配方式】 匹配方式共有 3 种，用户可以根据具体需求灵活选择最适合的匹配方式，从而精准获取所需的网页对象。

a.根据标题进行匹配。用户需要输入网页的标题内容，系统将通过与当前已打开网页的标题进行匹配，从而获取目标网页对象。

b.根据网址匹配。输入指定的网址，系统会通过匹配该网址来识别并获取已打开的网页对象。

c.匹配当前选中的页面。该选项将直接获取用户当前选中的浏览器页面，适用于多标签浏览器环境下的特定页面操作。

【保存网页对象至】 同【打开网页】指令。

通过正确配置【获取已打开的网页对象】指令，可以帮助用户实现灵活获取已打开的网页。

（3）【点击元素】。【点击元素】指令是影刀 RPA 中的一个基础功能，主要用于自动点击网页上的按钮、链接或其他可交互的元素。通过此指令，用户可以自动化地执行网页上的点击操作，从而简化重复的手动操作步骤。在配置【点击元素】指令时，用户需要指定目标网页对象以及目标元素，确保 RPA 机器人能够正确执行点击任务。这一指令的应用范围广泛，包括自动化表单提交、链接跳转以及按钮操作等场景，极大地提高了流程的自动化程度和执行效率。其配置界面如图 9-10 所示。

图 9-10 【点击元素】指令配置界面

正确配置【点击元素】指令的参数是确保网页自动化操作顺利进行的关键。用户需根据实际需求选择网页对象和操作目标，从而精确执行点击操作。以下是对【点击元素】指令的详细配置说明。

【网页对象】 用户需选择一个之前已通过【打开网页】或【获取已打开的网页对象】指令创建的网页对象。确保所选择的网页对象正确无误，是执行点击操作的基础。

【操作目标】 用户需从【元素库】中选择一个已捕获的网页元素，或者通过【捕获新元素】来指定新的网页元素作为操作目标。这一步确保了 RPA 机器人点击的是准确的网页元素，从而实现预期的自动化效果。用户可以根据不同的需求灵活选择目标元素，例如按钮、链接或其他交互元素。

通过正确配置这些参数，【点击元素】指令能够高效地完成网页点击操作，为各类自动化流程提供了强有力的支持。

（4）【填写输入框】。【填写输入框】指令是影刀 RPA 的重要功能之一，用于自动在网页的输入框中填写指定的内容。此指令能够大幅减少手动输入操作，提高工作效率，并确保数据输入的一致性。通过使用【填写输入框】指令，用户可以实现自动化填写表单、登录账号、搜索信息等功能。配置该指令时，用户需选择网页对象、操作目标以及指定输入内容和输入方式，从而确保输入操作的准确性和完整性。其配置界面如图 9-11 所示。

正确配置【填写输入框】指令的参数对于实现精准的自动化输入操作至关重要。用户需根据具体需求选择网页对象和目标输入框，并配置相关输入内容。以下是对【填写输入框】指令的详细配置说明。

图 9-11 【填写输入框】指令配置界面

【网页对象】 同【点击元素】。

【操作目标】 同【点击元素】。

【输入内容】 在此参数中填写待输入的文本内容。用户可以指定固定文本或通过变量动态生成的内容，以满足不同场景的需求。

【追加输入】 如果勾选此选项，RPA 将会在输入框现有内容后追加输入新的内容；若未勾选，则输入框的现有内容将被清空后再进行输入。此配置项灵活地支持追加输入和替换输入两种方式，用户可以根据具体需求选择合适的操作模式。

通过以上配置，【填写输入框】指令能够高效地执行网页上的输入任务，确保自动化流程的顺畅进行，并显著提升输入任务的准确性和效率。

2. 等待

（1）【等待】指令是影刀 RPA 中的关键控制功能之一，用于在自动化流程中让机器人暂停指定时间，以等待网页元素加载完成或外部条件满足后再继续执行后续操作。通过使用【等待】指令，用户可以避免因网页加载速度或系统响应延迟导致的自动化操作失败，从而提高流程的稳定性和执行成功率。其配置界面如图 9-12 所示。

图 9-12　【等待】指令配置界面

正确配置【等待】指令的参数是确保流程能够顺利等待所需时间的重要步骤。用户可以根据具体需求灵活设置等待时长，确保自动化任务在合适的时间点执行。以下是对【等待】指令的详细配置说明。

【时长（秒）】　该参数用于设置流程的等待时间，单位为秒。用户可以根据页面加载时间或操作需求，输入一个固定的秒数，使流程在指定时间内暂停执行，从而避免操作过快导致的错误。

【等待时长随机】　勾选【等待时长随机】后，用户可以通过设置最小时长和最大时长，定义一个随机等待的时间范围，单位为秒。在流程执行过程中，RPA 将在这个范围内随机选择一个时长进行暂存。这种设置有助于模拟更接近人类的操作行为。

通过合理配置【等待】指令，用户能够确保自动化流程的各个步骤之间有足够的时间间隔，避免由于系统延迟或网页加载问题而造成的操作失败，从而提升流程的可靠性和成功率。

（2）【等待元素】指令是影刀 RPA 中的重要控制功能，用于在自动化流程中暂停执行，直到指定的网页元素出现或消失后再继续操作。此指令确保自动化流程能够在正确的时间点进行元素操作，避免因页面加载或元素响应时间不稳定而导致的流程失败。其配置界面如图 9-13 所示。

正确配置【等待元素】指令的参数是确保流程能够在所需的元素状态满足后继续执行的重要步骤。以下是对【等待元素】指令的详细配置说明。

图 9-13 【等待元素】指令配置界面

【网页对象】 同【打开网页】指令。

【操作目标】 同【点击元素】。

【等待状态】 用户可以在此选择【等待元素出现】或【等待元素消失】两种状态。根据具体需求配置等待条件，使 RPA 能够在元素满足相应条件时继续执行后续操作。

【超时时间】 其设置流程的最大等待时长，单位为秒。如果在【超时时间】内元素状态未达到预期，则流程将自动继续执行。这一设置能够防止流程因无限等待而陷入停滞，从而确保整体自动化任务的流畅。

【等待结果】 在【超时时间】内，如果等待状态符合条件，则返回值为【True】；否则，返回值为【False】。该结果可以用于后续流程中的条件判断，以决定流程的具体走向。

通过合理配置【等待元素】指令，用户可以确保自动化流程在网页元素准备就绪时准确执行相应操作，从而提升流程的执行效率和稳定性。

（五）条件判断指令

1.【IF 条件】

【IF 条件】指令是影刀 RPA 中用于条件判断的基础工具。其通过设置条件判断开始标记，让流程能够根据不同情况进行相应的处理。这一指令能够分支流程逻辑，使自动化任务在满足特定条件时执行相应的操作，从而实现流程的智能化控制。其配置界面如图 9-14 所示。

图 9-14　【IF 条件】指令配置界面

正确配置【IF 条件】指令的参数是实现条件判断和逻辑分支的关键。以下是对【IF 条件】指令的详细配置说明。

【对象 1】　用于设置第一个判断对象。用户可以选择 3 种方式输入对象内容。

（1）文本输入模式。直接输入文本作为判断对象。

（2）Python 输入模式。输入标准的 Python 表达式，用于复杂条件判断。

（3）变量选择模式。选择之前已经创建的变量作为对象，便于重复使用流程中的数据。

【关系】　用于指定对象 1 与对象 2 的比较方式。常见的比较方式包括以下 3种：对象 1 大于对象 2；对象 1 包含对象 2；对象 1 以对象 2 开头。

通过选择合适的比较方式，可以精确控制条件判断的逻辑，实现对不同情境的区分处理。

【对象 2】　该参数用于设置第二个判断对象，输入方式与对象 1 相同。对象2 可用于与对象 1 进行比较，支持文本输入、Python 表达式和变量选择等方式。当判断条件只涉及一个对象时，可以忽略对象 2。例如："对象 1 等于 True""对象 1 是空值"等条件可以帮助用户在单一条件下做出判断，简化流程设计。

通过配置【IF 条件】指令，用户可以实现流程中的逻辑分支，根据不同的条件路径执行相应的操作，从而增强自动化任务的灵活性和智能化水平。这种条件判断功能使得影刀 RPA 在处理复杂业务逻辑时表现得更加高效和准确。

2.【IF 多条件】

【IF 多条件】指令用于在流程中进行多条件判断，是逻辑控制的重要部分。当存在多个判断条件时，可以通过此指令设置多个条件的关系，使流程在满足特定逻辑时执行相应的操作。用户可以灵活配置判断逻辑，使自动化流程更加智能化和动态化。其配置界面如图 9-15 所示。

图 9-15 【IF 多条件】指令配置界面

正确配置【IF 多条件】指令的参数是实现多条件判断的关键。以下是详细配置说明。

【条件关系】 包含【符合以下全部条件】和【符合以下任意条件】两种。

【符合以下全部条件】 当存在多个条件时，需要所有条件都满足才能执行 IF 指令中的任务。这种配置适用于对多个条件有严格限制的情况。

【符合以下任意条件】 当存在多个条件时，只需要任意一个条件满足即可执行 IF 指令中的任务。这种配置适用于对多个条件较为宽松的判断场景。

【条件列表】 用户可以在条件列表中设置待比较的对象以及比较方式，如【等于】【大于】【小于】等。如果需要同时判断多个条件，可以点击【添加条件】按钮进行添加新的条件，以构建更复杂的判断逻辑，但是每个条件均可设置具体的判断规则，确保条件判断的精准性和流程的执行效果。

通过【IF 多条件】指令，用户能够构建灵活且复杂的条件判断逻辑，有效提升自动化流程的适应性和智能化水平。

3.【Else】

【Else】指令用于处理在 IF 指令条件不满足的情况下需要执行的操作。它是条件控制结构中的补充部分，当 IF 指令中的条件判断结果为假时，【Else】指令将执行其内部配置的任务，从而确保流程在各种情况下都能正确执行。其配置界面如图 9-16 所示。

图 9-16　【Else】指令配置界面

通过【Else】指令，用户可以完善自动化流程的逻辑控制，为流程提供健壮性和灵活性，确保在不同条件下流程能够平稳运行。

（六）循环指令

1.【For 次数循环】

【For 次数循环】指令用于对一组指令执行特定次数的循环操作。通过设置循环的起始数、结束数和递增值，用户可以精确控制循环的次数和步进方式。这种循环结构在需要重复执行相同任务的情况下非常有用，能够显著提升流程的效率和自动化程度。其配置界面如图 9-17 所示。

【起始数】　设置循环计数器的起始数值，决定了循环从哪个数值开始。用户可以输入任意整数作为起始值。例如，从 1 开始或从 0 开始，具体视任务需求而定。

【结束数】　设置循环计数器的结束数值，循环将在计数器达到或超过此值时停止。例如，如果起始数为 1，结束数为 10，循环将执行 10 次。

【递增值】　设置每次循环递增的数值，用于控制计数器的变化步长。【递增值】可以是正数（表示计数器增加）或负数（表示计数器减少）。例如，每次增

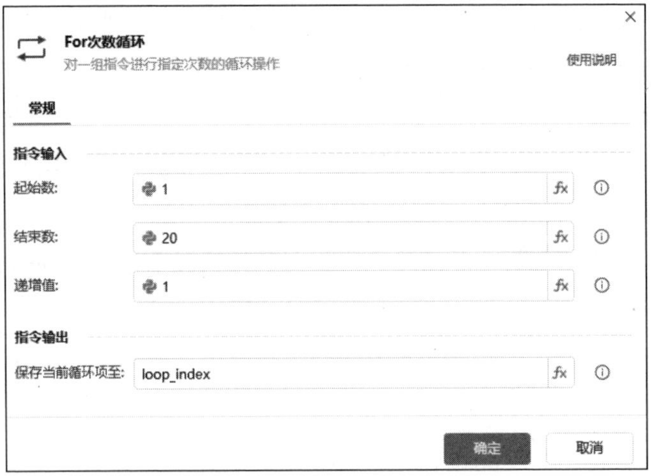

图 9-17 【For 次数循环】配置界面

加 1 或减少 1。通过调整递增值,用户可以实现正向或反向的循环操作。

通过配置【For 次数循环】指令,用户可以灵活地控制流程的循环行为,从而提高自动化任务的效率和灵活性。这一指令在需要多次执行相同操作时,能够极大地简化流程设计并减少手动配置的工作量。

2.【ForEach 列表循环】

【ForEach 列表循环】指令用于依次循环遍历列表中的每一项并对其执行指定的操作。通过该指令,用户可以轻松处理包含多个元素的列表,并逐一进行操作。这对于处理数据集合或需要对多个元素进行相同操作的场景非常有用。其配置界面如图 9-18 所示。

图 9-18 【ForEach 列表循环】指令配置界面

正确配置【ForEach 列表循环】指令的参数是确保列表遍历和操作顺利进行

的关键。以下是详细的配置说明。

【列表】 选择已创建的列表变量或在 Python 输入模式下直接输入标准列表。例如，可以输入【1, 2, 3, 4, 5】作为数值列表，或【'影', '刀', 'R', 'P', 'A'】作为字符列表。列表格式为 list =【value1, value2, value3】，列表内可包含不同类型的数据项。

【输出循环项的位置】 勾选此选项后，每次循环将输出当前循环项在列表中的位置，并保存为位置变量。位置从 0 开始计数。这在需要知道某个元素在列表中的位置时非常有用。

【存储循环项至】 将当前循环到的列表项保存为一个变量，供后续流程中的操作使用。通过保存当前项，用户可以在流程中调用这个变量，进行进一步处理或操作。

通过配置【ForEach 列表循环】指令，用户可以轻松遍历并操作列表中的每一项，显著提高流程的自动化能力和效率。这一指令特别适用于需要逐一处理多个数据项的场景，帮助用户简化流程设计并减少重复操作。

（七）数据表格

1.【读取数据表格内容】

【读取数据表格内容】指令用于从数据表格中提取指定的内容，支持读取单个单元格、特定区域、行或列的数据。该指令非常适合在自动化流程中需要从表格中获取数据的场景，为后续的数据处理和分析提供基础。其配置界面如图 9-19 所示。

图 9-19 【读取数据表格内容】指令配置界面

正确配置【读取数据表格内容】指令的参数可以确保从表格中准确获取所需的数据。以下是对配置选项的详细说明。

【读取方式】 选择读取的方式，包括单元格内容、区域内容、行内容或列内容。根据所需数据的不同类型，选择适合的读取方式，确保指令能够准确提取目标数据。

【行号】 指定要读取的行号，行号从 1 开始计数。支持使用负数来表示倒数行，例如，-1 表示倒数第一行。此功能对于需要读取特定行的数据非常有用。

【列号】 指定要读取的列号，可以用字母（如 A）或数字（如 1）表示，同样支持负数来表示倒数列。例如，-1 表示倒数第一列。用户可以灵活选择列的表示方式以适应不同的表格布局。

【保存区域内容至】 该选项用于将读取到的内容保存到一个变量中，便于在后续流程中调用和使用。读取到的单元格内容为字符串类型，区域内容为二维列表类型，行内容为一维列表类型，列内容为一维列表类型。

通过精确配置【读取数据表格内容】指令，用户可以轻松实现从数据表格中提取多种类型的数据，显著提升流程的自动化和数据处理能力。这一指令在数据驱动的自动化任务中尤为关键，能够帮助用户高效地管理和利用表格数据。

2.【写入内容到数据表格】

【写入内容至数据表格】指令用于在数据表格中输入或覆盖指定内容。该指令允许用户选择不同的写入范围和方式，支持对单元格、区域、行或列的数据进行灵活操作。此指令是实现表格数据动态更新的重要工具。其配置界面如图 9-20 所示。

图 9-20 【写入内容到数据表格】指令配置界面

正确配置【写入内容至数据表格】指令的参数能够确保数据在表格中的准确写入。以下是对配置选项的详细说明。

【写入范围】　选择写入内容的范围，包括单元格、区域、行或列。根据不同的需求，可以指定具体的写入位置，确保数据能够准确写入到表格的目标区域。

【行号】　设置目标行号，行号从 1 开始计数。支持使用负数表示倒数行，例如，–1 表示倒数第一行。此设置有助于灵活选择写入数据的位置。

【列号】　指定目标列号，可用字母（如 A）或数字（如 1）表示。同样支持负数来表示倒数列，例如，–1 表示倒数第一列。该配置使得用户可以轻松地定位表格中的写入位置。

【写入方式】　包含追【加一行】【插入一行】和【覆盖一行】3 种方式。

【追加一行】　在表格的最后一个非空行之后追加一行内容，非常适合动态数据的连续输入。

【插入一行】　在指定行之前插入一行内容，适用于需要在特定位置增加数据的情况。

【覆盖一行】　在指定行进行覆盖写入，用于更新已有数据。

【写入内容】　输入要写入的数据内容。对于整行写入多个数据，可以使用一维列表格式，如在【Python】输入模式下写入【1, 2, 3】。对于多行且整行写入的情况，需使用二维列表格式，如【【1, 2, 3】,【4, 5, 6】,【7, 8, 9】】。此配置提供了高度的灵活性，支持多样的数据格式输入。

通过精确配置【写入内容至数据表格】指令，用户能够有效地管理数据表格中的内容，实现自动化数据输入和更新。这一指令是构建数据驱动型自动化流程的基础，能够大大提升工作效率和数据管理能力。

3.【循环数据表格内容】

【循环数据表格内容】指令用于遍历数据表格中的内容，并将每次遍历的结果保存为变量。这一指令支持多种循环方式，包括按行、按列、按区域等，能够灵活处理表格中的数据，适用于自动化数据处理流程中的多样化需求。其配置界面如图 9-21 所示。

正确配置【循环数据表格内容】指令的参数，可以确保数据遍历操作的准确性和有效性。以下是对配置选项的详细说明。

【循环方式】　提供了灵活的数据遍历选项，让用户能够根据具体需求选择最适合的方式来处理表格中的数据。

【循环行】　按行遍历数据表格的内容，每次循环处理一行数据。数据格式为

图 9-21 【循环数据表格内容】指令配置界面

一维列表。

【循环列】 按列遍历数据表格的内容，每次循环处理一列数据。数据格式为一维列表。

【循环区域】 按指定的区域遍历数据表格的内容，每次循环处理区域内的一行数据。数据格式为一维列表。

【循环已使用区域】 遍历数据表格中已使用的区域，每次循环处理其中的一行数据。数据格式为一维列表。

【行号】 指定要循环的起始行号，行号从 1 开始，支持使用负数表示倒数行。例如，−1 表示倒数第一行。此配置帮助用户灵活定义数据遍历的起始位置。

【列名】 指定要循环的起始列名。列名可以使用字母（如 A）或数字（如 1）表示，支持使用负数表示倒数列。例如，−1 表示倒数第一列。通过此配置，用户可以精确定位表格中数据的遍历起点。

【当前循环项保存至】 该选项允许将当前循环到的内容保存为变量，以便在后续的自动化流程中进行处理或调用。

【当前行号保存至】 将当前循环到的行号保存为变量，用于后续的自动化操作或逻辑判断。此功能特别适合在复杂的表格处理任务中跟踪数据位置。

通过合理配置【循环数据表格内容】指令，用户可以高效地遍历表格中的数据，自动执行批量数据处理任务。这一指令在数据密集型应用场景中极具实用性，有助于提升自动化流程的效率和准确性。

（八）RPA 实战

在 RPA 的实际应用中，流程的自动化不限于简单的重复性任务，还可以扩展到各种复杂的信息采集和数据处理场景。为了更好地展示 RPA 的强大功能和灵活性，我们选择了一个实用的实例：新闻头条的抓取和保存。这个案例不仅体现了 RPA 在数据采集领域的优势，还展示了如何通过自动化流程高效地管理和利用信息资源。

在本案例中，通过 4 个关键步骤来实现新闻头条的自动抓取和保存，从而充分利用 RPA 的强大功能。首先，需要确定整个的工作流程，即明确从打开网页、点击目标内容到数据的抓取和保存的完整步骤。其次，针对每个步骤，要确定使用的具体指令，确保每一步都有合适的 RPA 指令来精确实现预期的操作。再次，分步搭建流程并进行运行检查。在这个阶段，逐步配置和测试各个指令，确保流程的每个环节都能够正确执行，排除可能的错误和异常。最后，完成所有步骤的搭建并进行整体运行，确保整个自动化流程的流畅和高效。

下面将详细介绍该流程的具体步骤和实现方法。

1. 确定整个的工作流程

在构建 RPA 流程时，可以参考日常操作的步骤来进行设计。这意味着将日常手动操作的每一个步骤进行详细梳理，并转化为自动化的流程。通过这种方法，可以确保自动化流程与实际需求紧密贴合，同时也能直观地识别出操作中的关键步骤和潜在的优化点，使得自动化流程更符合实际操作习惯，从而提高流程的准确性和效率，整个工作流程如图 9-22 所示。

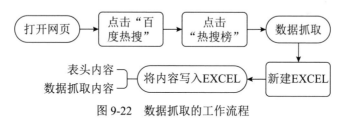

图 9-22　数据抓取的工作流程

2. 确定每一步使用到的指令

在构建 RPA 流程时，明确每一步所需的指令至关重要。首先，需要对整个流程进行细致分析，明确每个操作步骤及其逻辑顺序。然后，根据这些步骤，选择并配置相应的 RPA 指令。本案例中用到的指令如表 9-2 所示。

表 9-2　流程指令构成表

操作步骤	对应的指令名称	指令区
打开网页	打开网页	
点击"百度热搜"	点击元素	网页自动化
点击"百度热搜"	点击元素	

操作步骤	对应的指令名称	指令区
数据抓取	数据抓取	菜单栏
新建 Excel	打开 / 新建 Excel 工作表	Excel/WPS 表格
将内容写入 Excel	写入内容至 Excel 工作表	

3. 分步搭建流程并运行检查

在流程搭建过程中，采取边搭建边检查的思路。当运行第三个指令时，出现了报错，如图 9-23 所示。

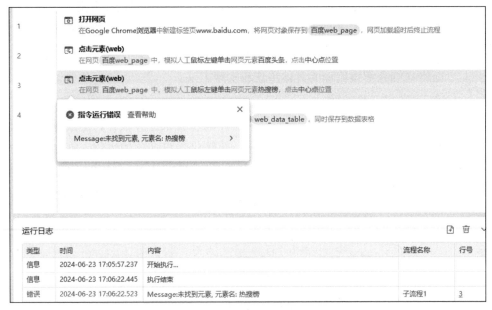

图 9-23 分步搭建流程过程中报错

思考：1. 为什么会报错？

原因是 https://www.baidu.com/ 和 https://top.baidu.com/board?tab=realtime 不是同一个网页，因此无法通过网址匹配获取相同的网页对象。

2. 面对这种情况，应该如何解决？

使用【获取已打开的网页对象】指令，通过匹配方式灵活选择合适的匹配条件（如标题匹配或当前选中页面），确保准确获取所需的网页对象。

经过修改后的分步搭建流程如图 9-24 所示，同时可以看到数据抓取的效果。

	A	B	C	D
13	女生高考701分反问自己：咋能这么高	3889638	6月23日，内蒙古集宁一中发布高考成绩701分学生胡	
14	日本人装中国人在巴基斯坦骗吃骗喝	3797804	近日，一巴基斯坦餐厅称，有日本人冒充中国人在巴基	
15	绵阳中考一班6人超850分	3667146	查看更多>	
16	女儿未当选董事 富豪父亲起诉公司	3516490	近日，ST宇顺披露公司股东林萌递交了《起诉状》起	
17	女生查到高考669分激动掩面哭泣	3419012	6月23日，内蒙古多地考生陆续查出分数，一女生查	
18	男孩成绩退步 爸爸怒烧近千张烟卡	3395230	22日，河南郑州一男孩考试排名退步25名。男孩爸爸	
19	梅州暴雨后有村民捞起数百斤大鱼	3245271	查看更多>	
20	安徽暴雨后的千年古村	3195879	查看更多>	
21	男生查到高考687分后淡定让家人猜分	3037568	23日，内蒙古一高考生查到分后很淡定让家人猜，B	
22	男生高考682分 父子俩激动相拥	2946267	23日，内蒙古一考生和全家一起看高考成绩，男生高	
23	一家七口人毕业于同所大学	2839712	21日，山东理工大学毕业典礼出现了几位特别校友，	
24	多省陆续公布2024高考公数线	2708193	6月23日起，各省份陆续公布2024年高考分数线	

图 9-24　经修改后的分步搭建流程

4. 全部流程搭建完成并运行

全部流程搭建完毕并进行运行，如图 9-25 所示。

图 9-25　全部流程搭建展示图

通过以上的步骤，我们成功实现了新闻头条的自动化抓取和保存。这不仅展示了 RPA 在信息采集和数据处理中的实际应用，还为复杂业务场景的自动化提供了参考。该流程的实现，不仅优化了操作效率，减少了手动干预，还大幅提升了数据管理的准确性和实时性。这一案例充分体现了 RPA 的灵活性和强大功能，同时也为更多类似的自动化需求提供了清晰的实施思路。通过系统化的流程设计和严谨的指令配置，我们可以将 RPA 的应用拓展到更广泛的业务场景，从而推动企业在数字化转型中的效率提升和成本优化。

》》》二、RPA 与智能体协作

（一）RPA、AI 和智能体：技术融合的三重奏

在现代数字化转型过程中，RPA、人工智能和智能体作为 3 种关键技术，正深刻影响着各行各业的运作方式。虽然它们各自具备独特的功能和优势，但它们之间也存在紧密的关联和协同关系，三者的特性如表 9-3 所示。

表 9-3　RPA、AI 和智能体的特性

特性（维度）	RPA(机器人流程自动化)	AI（人工智能）	智能体（ Intelligent Agents ）
定义	通过软件机器人自动化执行基于规则的重复性任务	使计算机系统具备人类智能的能力，包括感知、推理、学习和自我改进	能够自主感知环境、做出决策并采取行动的系统
功能	处理结构化和规则化的任务，提高效率，减少人为错误	通过算法和模型进行数据分析、模式识别、自然语言处理、机器学习等	具有自主性、适应性和学习能力，根据环境变化和学习经验优化行为
应用场景	财务报表生成、客户服务中的标准回复、数据迁移等	图像识别、语音识别、自动驾驶、推荐系统	自动驾驶汽车、智能家居系统、金融交易智能体
自主性	基于预定义规则进行操作，无自主决策能力	具备一定的自主决策能力，通过学习和优化模型进行复杂分析	具有最高的自主性和智能水平，自主感知、决策和行动
智能水平	低	中等	高
技术整合	可整合 AI 技术形成智能 RPA，也就是 IPA	提供智能体学习和决策能力	利用 RPA 执行任务，通过 AI 进行学习和决策

RPA、AI 和智能体在智能自动化领域各具特色且互为补充。RPA 通过自动化规则任务提升效率，AI 赋予系统学习和决策能力，智能体则通过综合运用两

者的优势，实现更高级的智能化应用。理解它们之间的特性和协同关系，对于推动各行业数字化转型和业务优化至关重要。三者的关系如图 9-26 所示。

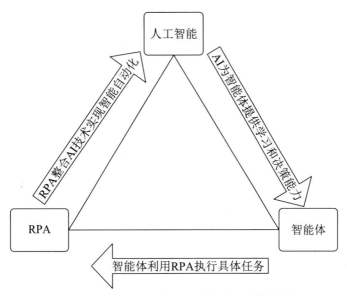

图 9-26　RPA、人工智能、智能体三者的关系

（二）RPA 与智能体的协同增效

在现今快速发展的技术世界里，RPA（机器人流程自动化）和智能体的强强联合不仅仅是简单的"1+1=2"，而是产生了惊人的协同效应，为企业和个人用户带来前所未有的效率提升。下面将深入探讨 RPA 与智能体如何相互赋能。

1. RPA 对智能体的增强

（1）数据获取与预处理。RPA 擅长快速、准确地从各种来源收集数据，并将其整理成标准格式，成为智能体分析的坚实基础。例如，想象一个客户服务智能体需要处理大量的客户反馈，RPA 可以自动从电子邮件、社交媒体和客户反馈表单中提取相关信息，并将其整理为统一的格式。这有利于智能体更快、更精准地分析客户情绪和需求，实时应对客户的问题。

（2）流程自动化与任务执行。RPA 在执行重复性任务方面无与伦比，为智能体释放"精力"，让其专注于解决复杂问题。例如，在一个智能财务顾问系统中，RPA 可以处理日常的数据录入和基础计算任务，智能体则负责复杂的财务分析与个性化建议。通过这种协作，RPA 和智能体能够在确保日常任务高效执行的同时，提供深度的智能分析与决策支持。

（3）跨系统集成。RPA 具备在多个系统间无缝操作的能力，为智能体提供了更加全面的信息输入。例如，一个销售预测智能体可能需要从 CRM 系统、库存管理系统以及市场分析工具中获取数据。RPA 可以轻松地在这些系统间传输数据，使得智能体能够基于全面的信息做出准确的预测，从而提升业务决策的准确性和及时性。

2. 智能体对 RPA 的赋能

（1）决策能力的提升。智能体为 RPA 赋予了更高层次的认知与决策能力。传统的 RPA 按预设规则执行任务，但在异常情况面前往往无能为力。智能体能够分析复杂情况，做出判断并引导 RPA 如何应对。例如，在一个自动化发票处理系统中，当 RPA 遇到异常金额时，智能体会结合历史数据和当前上下文进行分析，决定是自动处理还是标记为人工审核。这种智能化的决策机制大大提升了系统的应变能力和自动化水平。

（2）自适应能力。智能体的学习与自适应能力使 RPA 流程更加灵活与高效。随着时间的推移，智能体能够识别低效的流程并提出优化建议。例如，在某公司的客户入职流程中，智能体通过分析历史数据发现某些步骤经常导致延迟，并自动调整 RPA 流程，将原本需要 3 天的入职时间缩短到 1 天，显著提升了整体效率。

（3）自然语言处理。智能体的自然语言处理能力为 RPA 扩展了新的应用领域，特别是在处理非结构化数据时。例如，在处理客户邮件或合同文本时，智能体能够理解文本内容，提取关键信息，并指导 RPA 执行相应的操作。在法律文档审查过程中，智能体可以理解合同条款的含义，识别关键条款与潜在风险，并指导 RPA 自动生成合同摘要和风险报告。

RPA 与智能体的结合正在重新定义自动化的边界。它不仅提高了效率，还为创新和问题解决开辟了新的可能性。未来，这种协同将继续深化，为各行各业带来更多令人兴奋的突破。

（三）RPA 和扣子协作助力小红书自动发布

小红书作为一个流行的社交平台，内容创作者需要经常发布优质内容，以维持用户黏性和互动。然而，内容创作与发布的流程烦琐，包括内容创作、文案撰写、图片上传、标签设置等多个环节。通过 RPA 与扣子智能体的协同，可以极大地简化这个流程，实现自动化内容创作与发布。

1. 确定整个的工作流程

在构建 RPA 流程时，可以将日常手动操作的每一个步骤进行详细梳理，并将其转化为自动化流程。这种方法不仅确保了自动化流程与实际业务需求的高度契合，还能够帮助我们直观地识别出操作中的关键步骤和潜在的优化点。通过这种方式，可以设计出更加符合实际操作习惯的自动化流程，从而显著提高流程的准确性和效率，使得自动化在实际应用中更具价值，如图 9-27 所示。

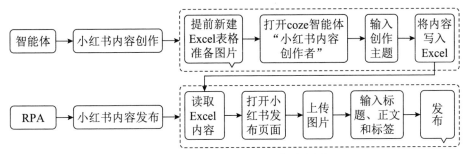

图 9-27 智能体与 RPA 协作流程图

2. 确定每一步使用到的指令

在构建 RPA 流程时，明确每一步所需的指令至关重要。首先，需要对整个流程进行细致分析，明确每个操作步骤及其逻辑顺序。然后根据这些步骤，选择并配置相应的 RPA 指令。本案例中用到的指令如表 9-4 所示。

表 9-4 流程指令构成表

操作步骤	对应的指令名称	指令区
打开 EXCEL	打开 / 新建 Excel	Excel/WPS 表格
读取 Excel 内容	读取 Excel 内容	
打开扣子智能体"小红书内容创作者"	打开网页	网页自动化
输入创作主题	填写输入框	网页自动化
	键盘输入	鼠标键盘
将内容写入 Excel	获取元素对象（web）	网页自动化
	获取元素信息（web）	
	写入内容至 Excel 工作表	Excel/WPS 表格
读取 Excel	设置变量（小红书标题、正文、标签等）	数据处理
	文本分割成列表（标签）	
打开小红书发布页面	打开网页	
上传图片	点击元素	网页自动化
	上传文件	
	等待	等待

续表

操作步骤	对应的指令名称	指令区
输入标题/正文	填写输入框（web）	网页自动化
	键盘输入	鼠标键盘
输入标签	ForEach 列表循环	循环
	填写输入框（web）	网页自动化
	键盘输入	网页自动化
发布	点击元素	

3. 分步搭建流程并运行检查

（1）打开 Excel 并读取 Excel 内容，流程如图 9-28 所示。

图 9-28　打开 Excel 并读取 Excel 内容流程

（2）打开扣子智能体"小红书内容创作者"，流程如图 9-29 所示。

图 9-29　打开扣子智能体"小红书内容创作者"流程

（3）输入创作主题，流程如图 9-30 所示。

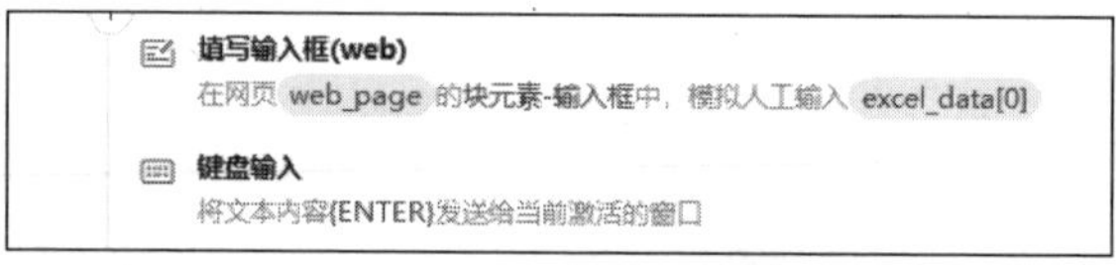

图 9-30　输入创作主题流程

（4）将内容写入 Excel，流程如图 9-31 所示。

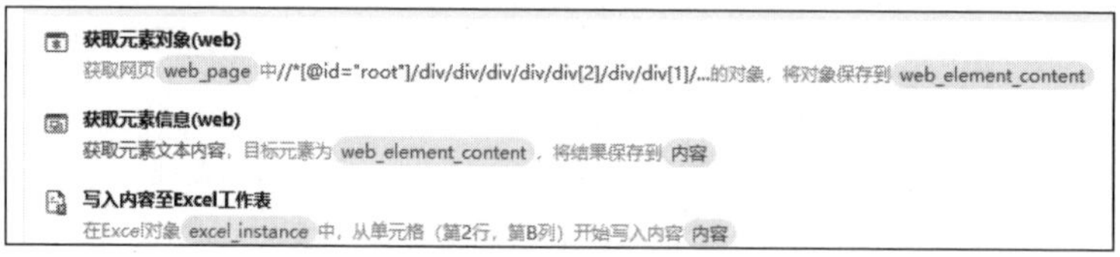

图 9-31　将内容写入 Excel 流程

（5）读取 Excel 内容，流程如图 9-32 所示。

（6）打开小红书发布页面，流程如图 9-33 所示。

（7）上传图片，流程如图 9-34 所示。

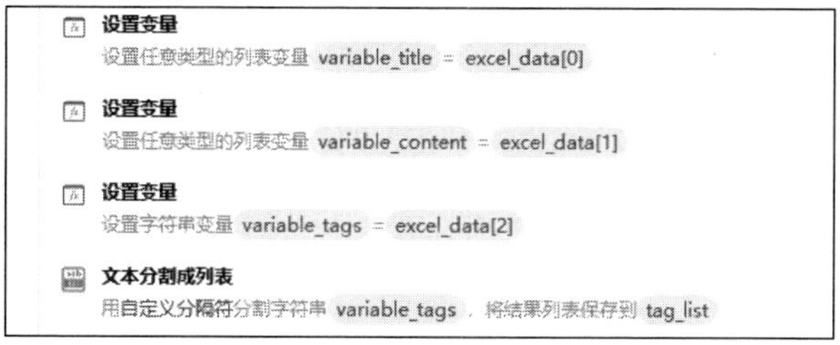

設置變量
設置任意類型的列表變量 variable_title = excel_data[0]

設置變量
設置任意類型的列表變量 variable_content = excel_data[1]

設置變量
設置字符串變量 variable_tags = excel_data[2]

文本分割成列表
用自定義分隔符分割字符串 variable_tags，將結果列表保存到 tag_list

图 9-32　读取 Excel 内容流程

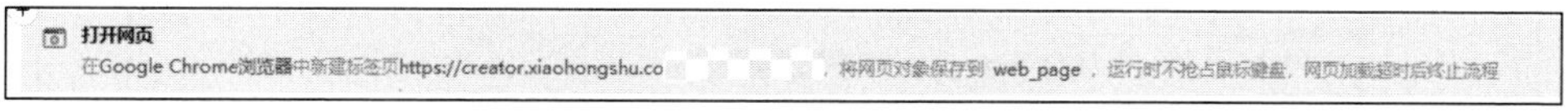

打開網頁
在Google Chrome瀏覽器中新建標簽頁https://creator.xiaohongshu.co　　　　　　　，將網頁對象保存到 web_page，運行時不搶占鼠標鍵盤，網頁加載超時后終止流程

图 9-33　小红书发布页面流程

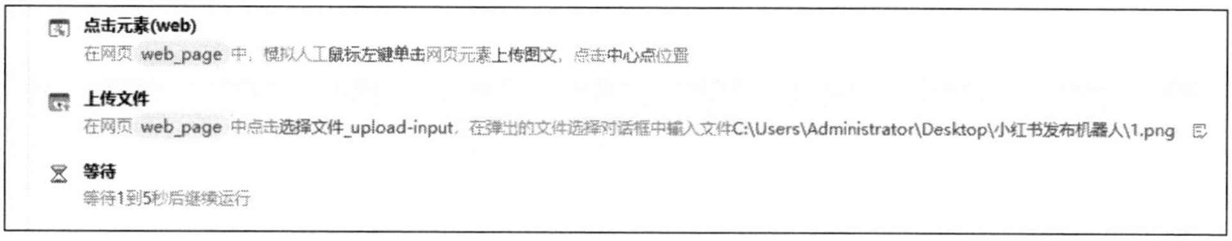

點擊元素(web)
在網頁 web_page 中，模擬人工鼠標左鍵單擊網頁元素上傳圖文，點擊中心點位置

上傳文件
在網頁 web_page 中點擊選擇文件 _upload-input，在彈出的文件選擇對話框中輸入文件C:\Users\Administrator\Desktop\小紅書發布機器人\1.png

等待
等待1到5秒后繼續運行

图 9-34　上传图片流程

（8）输入标题、正文，流程如图 9-35 所示。

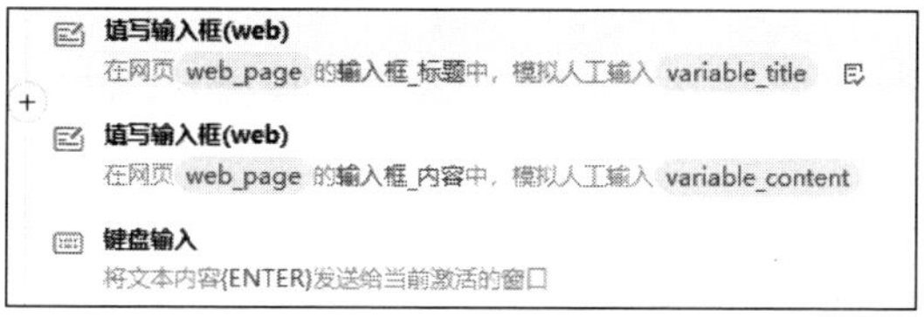

填寫輸入框(web)
在網頁 web_page 的輸入框_標題中，模擬人工輸入 variable_title

填寫輸入框(web)
在網頁 web_page 的輸入框_內容中，模擬人工輸入 variable_content

鍵盤輸入
將文本內容(ENTER)發送給當前激活的窗口

图 9-35　输入标题、正文流程

（9）输入标签，流程如图 9-36 所示。

ForEach列表循環
對列表 tag_list 中的每一項進行循環操作，將當前循環項保存到 loop_item2

填寫輸入框(web)
在網頁 web_page 的輸入框_內容中，模擬人工追加輸入 loop_item2

鍵盤輸入
將文本內容(ENTER)發送給當前激活的窗口

循環結束標記
表示一個循環區域的結尾

图 9-36　输入标签流程

（10）发布流程如图 9-37 所示。

點擊元素(web)
在網頁 web_page 中，模擬人工鼠標左鍵單擊網頁元素發布，點擊中心點位置

图 9-37　发布流程

将所有流程搭建完毕，如图 9-38 所示。

1. **打开/新建Excel**
   打开已有的Excel C:\Users\Administrator\Desktop\小红书发布机器人\小红书内容.xlsx，将Excel对象保存到 excel_instance

2. **读取Excel内容**
   从Excel对象 excel_instance 中读取第2行中的内容，将数据保存到 excel_data

3. **打开网页**
   在Google Chrome浏览器中新建标签页https://www.coze.cn/store/bot/7415640466265391119?...，将网页对象保存到 web_page，运行时不抢占鼠标键盘，网页加载超时后终止流程

4. **填写输入框(web)**
   在网页 web_page 的块元素-输入框中，模拟人工输入 excel_data[0]

5. **键盘输入**
   将文本内容(ENTER)发送给当前激活的窗口

6. **获取元素对象(web)**
   获取网页 web_page 中//*[@id="root"]/div/div/div/div[2]/div/div[1]/...的对象，将对象保存到 web_element_content

7. **获取元素信息(web)**
   获取元素文本内容，目标元素为 web_element_content，将结果保存到 内容

8. **写入内容至Excel工作表**
   在Excel对象 excel_instance 中，从单元格(第2行，第B列)开始写入内容 内容

9. **获取元素对象(web)**
   获取网页 web_page 中//*[@id="root"]/div/div/div/div[2]/div/div[1]/...的对象，将对象保存到 web_element_tags

10. **获取元素信息(web)**
    获取元素文本内容，目标元素为 web_element_tags，将结果保存到 标签

11. **写入内容至Excel工作表**
    在Excel对象 excel_instance 中，从单元格(第2行，第C列)开始写入内容 标签

12. **设置变量**
    设置任意类型的列表变量 variable_title = excel_data[0]

13. **设置变量**
    设置任意类型的列表变量 variable_content = excel_data[1]

14. **设置变量**
    设置字符串变量 variable_tags = excel_data[2]

15. **文本分割成列表**
    用自定义分隔符分割字符串 variable_tags，将结果列表保存到 tag_list

16. **关闭Excel**
    关闭Excel

17. **打开网页**
    在Google Chrome浏览器中新建标签页https://creator.xiaohongshu.com/publish/publish，将网页对象保存到 web_page，运行时不抢占鼠标键盘，网页加载超时后终止流程

18. **点击元素(web)**
    在网页 web_page 中，模拟人工鼠标左键单击网页元素上传图文，点击中心点位置

19. **上传文件**
    在网页 web_page 中点击选择文件_upload-input，在弹出的文件选择对话框中输入文件C:\Users\Administrator\Desktop\小红书发布机器人\1.png

20. **等待**
    等待1到5秒后继续运行

21. **点击元素(web)**
    在网页 web_page 中，模拟人工鼠标左键单击网页元素添加，点击中心点位置

22. **上传文件**
    在网页 web_page 中点击添加，在弹出的文件选择对话框中输入文件C:\Users\Administrator\Desktop\小红书发布机器人\2.png

23. **等待**
    等待1到5秒后继续运行

24. **填写输入框(web)**
    在网页 web_page 的输入框 标题中，模拟人工输入 variable_title

25. **填写输入框(web)**
    在网页 web_page 的输入框 内容中，模拟人工输入 variable_content

26. **键盘输入**
    将文本内容(ENTER)发送给当前激活的窗口

27. **ForEach列表循环**
    对列表 tag_list 中的每一项进行循环操作，将当前循环项保存到 loop_item2

28.   **填写输入框(web)**
    在网页 web_page 的输入框 内容中，模拟人工追加输入 loop_item2

29.   **键盘输入**
    将文本内容(ENTER)发送给当前激活的窗口

30. **循环结束标记**
    表示一个循环区域的结尾

31. **点击元素(web)**
    在网页 web_page 中，模拟人工鼠标左键单击网页元素发布，点击中心点位置

+ 点击添加指令(Ctrl+Shift+P)，或从侧指令区拖入

图 9-38　全部流程搭建展示图

通过 RPA 与扣子智能体的结合，整个小红书的内容发布流程实现了高度自动化。其从内容创作到发布的所有环节都得到了显著优化，不仅节省了时间，还减少了人为操作的错误。这种协同方式可以推广到其他内容平台，实现更广泛的自动化应用。

三、迈向未来的 IPA

在快速发展的商业环境中，自动化技术正逐渐成为企业提升效率和竞争力的关键工具。随着技术的进步，传统的机器人流程自动化（RPA）已不再满足企业日益复杂的需求。基于 RPA 技术的财务机器人逐渐成熟，加上功能越发强大的人工智能（AI）技术的助力，两者功能有机结合，催生了智能流程自动化（IPA）这一新兴技术。IPA 通过整合 AI、机器学习和数据分析，不仅能够自动化执行任务，还具备智能决策能力，使企业在复杂多变的业务环境中保持竞争优势。此外，IPA 的普及也将对个人生活和工作产生深远影响。它能够帮助个人处理日常的琐事，如自动安排日程、智能管理个人财务，甚至是提供个性化的学习建议，从而释放更多时间和精力去专注于创造性的任务和决策。

（一）IPA 如何赋能效率与智能决策

智能流程自动化（IPA）是当今企业数字化转型中的一项核心技术。它通过整合人工智能（AI）和自动化工具，为复杂的业务流程带来了全新的效率和智能化水平。与传统的自动化技术相比，IPA 不仅能够执行重复性、基于规则的任务，还能处理需要高级判断和自主决策的工作，如图 9-39 所示。

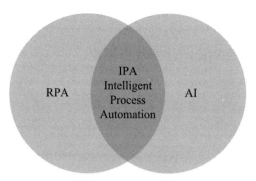

图 9-39　IPA 示意图

IPA 的核心在于其智能化特性，可以理解为"将人的智能从机器属性中分离出来"。如果说 RPA 相当于人的双手，能够精准执行重复性任务，那么 AI 则是人的大脑，赋予 RPA 判断和决策的能力，使其不仅知道在做什么，还能够更好地完成任务。通过这一组合，IPA 能够显著提升效率，提高员工绩效，减少操作风险，并且大幅改善响应速度和客户体验。这种智能化转型直接推动了企业运营的整体优化，使得员工能够将精力集中于更有价值的创新和策略性任务上。

IPA 系统借助机器学习（ML）、自然语言处理（NLP）、计算机视觉等 AI 技术，可以从大量数据中学习和提取模式。机器学习使得系统能够在没有明确规则指导的情况下，通过分析历史数据和实时信息，预测未来的行为并做出相应的决策。自然语言处理则赋予 IPA 理解和处理人类语言的能力，使其能够自动处理客户请求、分析文本数据，甚至生成相应的内容。计算机视觉技术让 IPA 能够"看"到并理解图像和视频内容，从而自动化处理例如发票扫描、文件识别等任务。IPA 结构图如图 9-40 所示。

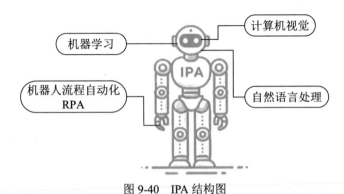

图 9-40　IPA 结构图

总的来说，IPA 是对传统自动化的一次重大升级。它不仅能显著提高业务流程的效率，还能通过智能化的分析和决策，帮助企业实现更高水平的运营优化和创新。随着技术的不断发展，IPA 将成为越来越多企业实现智能化转型的重要工具，推动各行业迈向新的高度。

（二）RPA 与 IPA 特性对比与协同优势揭秘

1. IPA 与 RPA 的区别

RPA 技术擅长于替代人类执行重复性、机械性的劳动，但它缺乏判断和决策能力，只能在既定规则下 24 小时无休地执行任务。如果业务流程本身存在设计缺陷，RPA 也会无差别地高效执行这些缺陷，导致问题被放大。相比之下，IPA 在 RPA 的基础上引入了 AI 技术，赋予自动化流程智能大脑，能够对任务进行判断和优化。这种结合标志着从自动化向智能化的转变，是企业在数字化时代实现效率提升和人力资源解放的关键一步。

RPA 与 IPA 之间的关系并非简单的替代，而是一个从基础自动化到高级智能化的演进过程（见表9-5）。IPA 没有严格的边界，只要在 RPA 的基础上通过 AI 技术赋能，都可以视为 IPA 的一种实现。随着 AI 能力的增强以及多种 AI 技术的协同作用，IPA 的应用场景不断扩展，减少了对人工的依赖，大幅提升了流程的智能化水平。这不仅推动了财务转型，还加速了整个企业的智能化进程。

表 9-5　IPA 与 RPA 的区别

方面	RPA（机器人流程自动化）	IPA（智能流程自动化）
基本定义	通过软件机器人模拟人类在数字系统中的操作，自动执行重复性、基于规则的任务	在 RPA 的基础上，结合 AI 和机器学习技术，能够处理更加复杂和动态的业务流程
核心技术	规则引擎、脚本编写、流程自动化工具	人工智能（AI）、机器学习（ML）、自然语言处理（NLP）、计算机视觉（CV）
应用场景	适用于高重复性、低复杂性的任务，如数据输入、报表生成、账户对账等	适用于复杂的业务决策和动态变化的任务，如客户行为预测、风险评估、智能客服。
决策能力	依赖预定义的规则和脚本，缺乏自主学习能力	具备自主学习和优化能力，能够基于数据进行复杂决策
灵活性	灵活性较低，适用于规则固定、不需要频繁变更的流程	灵活性较高，能够适应业务环境的变化，并不断优化业务流程
适应性	适应性差，需要人工干预来更新规则或处理变化	自适应能力强，能够通过学习新数据来进行自我调整和优化
实施复杂性	实施相对简单，主要涉及规则编写和流程配置	实施较为复杂，需要 AI 技术的支持和数据的持续训练
成本与收益	初始成本较低，适合快速见效的自动化项目，但长期收益有限	初始成本较高，但长期来看，能够带来更大的效率提升和业务优化
发展趋势	主要用于实现基础的自动化，提高业务操作的效率	在 RPA 的基础上发展而来，未来将成为推动业务智能化转型的重要工具

（三）IPA 与 RPA 的联系

1. 基础与扩展

IPA 可以看作 RPA 的扩展和升级版本。RPA 专注于自动化重复性任务，通过规则和脚本来执行特定的操作；IPA 则在此基础上引入 AI 技术，使得自动化流程不仅能够执行任务，还能进行理解、学习和持续优化。这种智能化的提升使得 IPA 能够应对更复杂和动态的业务场景。

2. 互补关系

RPA 适用于规则明确、任务单一且重复性高的流程；IPA 则适用于需要更高级决策和动态调整的流程。在实际应用中，企业往往会先部署 RPA 来自动化简单的流程，实现快速见效；随后逐步引入 IPA，通过引入 AI 元素，进一步优化和提升自动化的深度和广度，从而应对更复杂的业务需求。

3. 协同工作

在复杂的业务流程中，RPA 和 IPA 可以协同工作，共同发挥作用。RPA 负责处理简单、重复性的任务，如数据录入、信息查询和订单处理；IPA 则承担更高级的分析和决策任务，如客户行为分析、需求预测和个性化服务推荐。这种协同作用能够形成一个完整的智能自动化系统，覆盖从简单任务到复杂决策的全流程。例如，在客户服务场景中，RPA 可以快速响应基本查询；IPA 则可以根据客户历史行为和偏好提供个性化的服务建议，提升客户满意度。

总的来说，RPA 和 IPA 在自动化的不同层次上各自发挥着重要作用，具有各自独特的优势。RPA 是企业实现基础自动化的起点，通过自动化重复性任务来提高效率；IPA 则进一步增强了自动化的智能化和灵活性，能够处理更复杂的决策和动态变化的任务（见图 9-41）。在企业的数字化转型过程中，RPA 和 IPA 常常结合使用，以实现从简单任务自动化到复杂业务流程优化的全面覆盖。

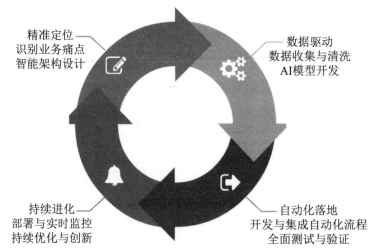

图 9-41　IPA 实施路径图

（四）RPA、AI 与智能体助力高质量文稿生成

在 RPA 的应用中，将自动化与大语言模型（以 Kimi 为例）相结合，可以进一步拓展其智能化能力，使其不仅能够执行任务，还能处理更为复杂的语言生成和内容创作任务。为了展示这种结合的实际效果，我们选取了一个具有代表性的实例：利用大语言模型自动生成演讲稿。这个案例不仅体现了 RPA 在内容生成

中的创新应用，还展示了智能化自动化如何高效地辅助日常工作，为用户提供更精准和个性化的服务。

在本案例中，为了实现通过大语言模型自动生成演讲稿的目标，我们采用了系统化的 4 个关键步骤。第一步是确定整个的工作流程，从打开生成平台、输入提示词到获取生成的演讲稿内容，确保流程的逻辑清晰、步骤明确。第二步是确定每步使用到的具体指令，包括网页打开、文本输入、内容抓取等，以确保每一操作都能通过 RPA 实现自动化。第三步是分步搭建流程并运行检查，逐步配置各个指令，确保每个步骤都能够正确执行，并对潜在问题进行调试和优化。第四步是完成所有流程的搭建并进行整体运行，然后进行迭代优化。在迭代过程中，我们针对可能存在的问题进行优化：优化方向 1 是提高提示词输入的速度；优化方向 2 是直接利用大语言模型生成更精准的提示词；优化方向 3 则是简化用户操作，只需输入演讲的目的，其余步骤由 RPA 自动完成。

1. 确定整个的工作流程

在构建和实施智能流程自动化（IPA）系统时，确定整个工作流程是关键的第一步。这一过程不仅涉及对当前业务流程的全面理解，还需要识别出流程中的关键环节和痛点，以便为后续的自动化设计奠定基础。通过清晰定义流程步骤，我们能够确保自动化系统不仅符合业务需求，从而使执行更高效和精准。整个工作流程如图 9-42 所示。

图 9-42　RPA 与大模型相结合的工作流程图

2. 确定每一步使用到的指令

在构建 IPA 流程时，明确每个步骤所需的指令是至关重要的。首先，需要对整个流程进行详细的分析，厘清每个操作步骤及其逻辑顺序。然后，根据分析结果，选择并配置合适的 RPA 指令来实现这些操作。本案例中使用的指令如表 9-6 所示。

表 9-6　流程指令构成表

操作步骤	对应的指令名称	指令区
打开网页	打开网页	网页自动化
输入提示词	填写输入框	
等待	等待元素	等待

续表

操作步骤	对应的指令名称	指令区
获取内容	点击元素	网页自动化
	获取剪切板内容	操作系统→剪切板
保存内容到 Word	打开/新建 Word	其他→ Word/WPS
	写入文本至 Word	

3. 分步搭建流程并运行检查

全部流程搭建完毕如图 9-43 所示。

图 9-43　全部流程搭建展示图

（五）完成运行，进行迭代

1. 优化方向 1：提示词输入的速度过慢

针对提示词输入速度较慢的问题，可以通过优化填写输入框指令的配置来加快输入过程。在 RPA 的指令配置中，有多个输入方式可供选择，其中【模拟人工输入】通常是默认设置，但这一方式往往会因逐字输入而导致速度较慢。为提升效率，可以将输入方式更改为【剪切板输入】。这一优化步骤位于【填写输入框（web）】的【高级】配置选项中。

具体来说，【剪切板输入】是通过将完整的输入内容复制到剪切板，然后利用粘贴操作一次性填入目标输入框中。这种方式能够显著加快文本输入速度，减少等待时间。更改为【剪切板输入】后，RPA 机器人将不再逐字模拟键盘输入，而是直接使用系统剪切板中的内容，快速且精准地完成文本填入操作。这种优化不仅能提升整体流程的响应速度，还能确保输入的准确性，减少因手动输入而可能产生的错误或延迟。【填写输入框（web）】界面如图 9-44 所示。

图 9-44 【填写输入框（web）】界面

2. 优化方向 2：借助智能体直接生成提示词

针对用户在输入提示词时可能受到自身水平的限制，从而影响生成内容的质量与精度的问题，可以通过引入与提示词相关的智能体来自动生成高质量的提示词。这种智能体通常是基于大语言模型或专门的自然语言处理算法开发的，能够分析用户的初步输入或目标要求，并生成优化的提示词，提升生成内容的整体效果。

具体操作上，RPA 可以调用与提示词生成相关的智能体，通过输入简单的主题或关键目标。这些智能体能够理解用户的需求背景，并根据语境自动构建出更为详细、精准的提示词。这不仅能够弥补用户在提示词创作上的不足，还可以确保所生成的提示词更贴合最终演讲稿的语境和目标，从而大幅度提升生成内容的相关性和质量。通过这种方式，用户只需提供基本的方向性输入，智能体便可快速生成高度优化的提示词，进而为大语言模型生成演讲稿提供更为有效的指导。这种结合智能体的方式，不仅提高了整个流程的智能化水平，还减少了用户的操作复杂度，使整个生成过程更流畅、高效。提示词生成的流程如图 9-45 所示。

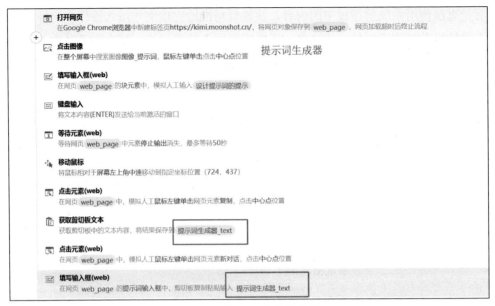

图 9-45　提示词生成的流程

3. 优化方向 3：只输入目的，其余由 RPA 完成

为了确保整个流程的顺畅性和高度自动化，可以在工作流程开始阶段引入自定义对话框。这一自定义对话框的作用是收集用户的基本输入和初步要求，从而在自动化流程启动之前，提前获取所需的关键信息。通过这样的设置，可以显著提高流程的执行效率，确保 RPA 机器人能够准确无误地按照用户需求执行任务。

自定义对话框不仅是一个信息收集的工具，还是优化流程交互和提升用户体验的关键。通过在流程开始时弹出自定义对话框，用户可以方便地输入特定的目标、关键字或其他必要参数。这些输入信息将被直接传递给 RPA 机器人和智能体，用于后续的任务执行，如生成提示词、配置参数或选择执行路径等。这样的设计不仅减少了用户与系统的交互步骤，还降低了人为操作的复杂性和可能出现的输入错误。【打开自定义对话框】指令往往配合设置变量使用，如图 9-46 所示。

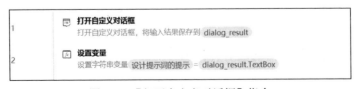

图 9-46　【打开自定义对话框】指令

))) 四、结语

　　RPA 与 IPA 的结合正在重新定义自动化的边界。通过整合 RPA、AI 和智能体技术，我们不仅实现了重复性任务的高效执行，还开启了智能化决策和流程优化的新纪元。这一变革不仅帮助企业显著提升了效率，降低了成本，还为更复杂的业务场景提供了智能解决方案。未来，随着技术的不断进步，RPA 与 IPA 的协同效应将不断扩展，为各行业带来更广阔的应用前景和创新可能。无论是在智能客服、供应链优化，还是在财务管理和客户体验提升上，RPA 与 IPA 都将成为企业战略的核心推动力。企业将借助这些前沿技术的不断突破，迈向更加智能、高效的未来。

附　　表

序号	英文名称	中文名称	功能	用途
1	GetCurrentTime	获取当前时间	获取当前的日期和时间	用于时间相关的查询或操作
2	GetLastRate	获取实时货币汇率	获取当前的货币兑换汇率	用于金融和货币兑换相关的查询
3	GetIpInfo	获取 IP 信息	获取 IP 地址的地理位置和其他相关信息	用于定位和 IP 地址信息查询
4	GenerateQrcode	生成二维码	生成包含特定内容的二维码图片	用于生成二维码以分享链接或信息
5	GenerateRandomUser	生成随机用户	生成虚拟用户信息，包括姓名、地址、电子邮件等	用于测试、模拟和虚拟用户生成
6	SearchBook	搜索图书	使用关键词在 Openlibrary 上搜索图书信息	用于图书信息查询和推荐
7	SearchMovie	搜索电影	使用关键词在 TMDB 上搜索电影信息	用于电影信息查询和推荐
8	GetCryptoInformation	获取加密货币信息	获取当前的加密货币信息	用于加密货币市场的查询和监控
9	GetFestivalsInformation	获取节日的信息	获取重要节日的相关数据	用于节日相关的查询和提醒
10	SearchImage	搜索图片	使用关键词在 Pixabay 上搜索图片	用于图片查询和获取
11	SearchMusic	搜索音乐	使用关键词在音乐数据库中搜索音乐、艺术家、专辑、播放列表和播客	用于音乐信息查询和推荐
12	GetTopNews	获取头条新闻	获取当前最热门的新闻	用于新闻查询和信息更新

序号	英文名称	中文名称	功能	用途
13	GeneratePoster	生成海报	使用文本内容生成吸引人的社交媒体海报图片	用于社交媒体内容创建和分享
14	GetWeather	获取天气	根据位置名称、邮政编码或坐标获取当前的天气信息	用于天气查询和提醒
15	SearchBookByGoogle	使用 Google 搜索图书	使用关键词在 Google Books 上搜索图书信息	用于图书信息查询和推荐
16	SendEmail	发送电子邮件	将文本内容发送到指定的电子邮件地址	用于发送邮件和信息通知
17	SearchBDomainInformation	搜索域名信息	查找域名的注册信息	用于域名查询和管理
18	GeneratesGraphVizCharts	生成 GraphViz 图表	使用 Dot 语言生成 GraphViz 图表	用于数据可视化和图表生成
19	GenerateQuoteCard	生成名言卡片	使用引言文本生成名言卡片、图片	用于名言分享和社交媒体内容创建
20	GetVideoInfo	获取视频信息	获取视频网站上的视频标题、描述、下载链接和其他文本信息	用于视频信息查询和分享
21	GeneratesCharts	生成统计图表	创建和绘制常见统计图表，并返回 PNG 图片	用于数据可视化和图表生成
22	StoreSnapshot	存储对话快照	存储当前对话的快照，以便以后查看	用于对话记录和管理
23	ExtractSnapshot	提取对话快照	提取对话的快照内容	用于对话记录和管理
24	GenerateMixedPosterImage	生成混合海报图片	使用文本和图片内容生成混合海报图片	用于社交媒体内容创建和分享
25	GenerateMermaidDiagram	生成 Mermaid 图表	使用 Mermaid 代码生成图表	用于数据可视化和图表生成
26	GenerateMindMap	生成思维导图	使用文本内容生成思维导图	用于概念和计划的可视化
27	ReadWebpage	提取网页信息	提取网页上的文本信息	用于网页内容抓取和分析
28	ReadArXiv	提取 arXiv 论文	获取 arXiv 论文的内容	用于学术论文查询和阅读

序号	英文名称	中文名称	功能	用途
29	SearchNews	使用 Google 搜索新闻	使用关键词在 Google 上搜索新闻信息	用于新闻查询和信息更新
30	GoogleSearch	使用 Google 搜索	使用关键词在 Google 上搜索信息	用于信息查询和内容抓取

后　记

展望：未来智能体的无限可能

　　本书通过探索智能体的基本原理、分类与技术应用，为读者展现了一个充满智慧与机遇的未来世界。从最初的概念介绍到复杂技术的解构，我们看到了智能体如何从科幻走入现实，并迅速改变了各行各业的运作方式。随着技术的进步，智能体的能力将不仅限于执行指令，还会拥有更深层次的认知能力和独立决策的智慧，成为我们生活、工作中的得力助手。

　　回顾智能体的发展历程，智能图像流和工作流自动化的出现是当前智能体应用中的重要里程碑。未来，智能体不仅将在视觉领域和流程优化方面展现强大潜力，还会广泛应用于医疗、金融、教育等各个领域。智能体将通过自我学习和适应，带来全新的业务模式与解决方案，使个性化服务和智能化决策成为常态。

　　本书还探讨了智能体与 RPA、IPA 等智能流程自动化的结合。在这个过程中，智能体将不再仅仅是单一的工具，而是与其他自动化技术相融合，成为推动各行业效率提升的核心力量。通过深度学习与数据分析，智能体将具备预测和解决问题的能力，助力企业在激烈的市场竞争中占据优势。未来，智能体的集成化应用将全面改变我们对工作的定义，使得人类与机器的合作更加紧密。

　　展望未来，智能体的发展将超越当下的认知框架，突破现有的技术限制，为各领域带来前所未有的创新与变革。无论是在处理海量数据、优化流程，还是创造新型服务模式，智能体的无限潜力将引领我们迈向一个智能化、互联化的新世界。在这个世界里，智能体不仅是工具，还将成为我们共同探索未知、推动社会进步的重要伙伴。